Photoshop CS5
应用教程

 21世纪高等院校数字艺术类规划教材

李文 李影 主编

隋占丽 于娟 王波 副主编

人民邮电出版社

北京

图书在版编目（ＣＩＰ）数据

Photoshop CS5应用教程 / 李文，李影主编. -- 北
京：人民邮电出版社，2014.1（2017.8重印）
21世纪高等院校数字艺术类规划教材
ISBN 978-7-115-34235-5

Ⅰ．①P… Ⅱ．①李… ②李… Ⅲ．①图象处理软件—
高等学校－教材 Ⅳ．①TP391.41

中国版本图书馆CIP数据核字(2014)第006689号

内 容 提 要

作为介绍 Photoshop 软件的实例教程，本书主要内容包括图形图像处理基础、选区操作、色彩调整、图层操作、矢量图形工具、动作及动画的制作等。

本书语言通俗易懂，内容由浅入深、循序渐进，并配有大量的图示，特别适合初学者学习，同时对有一定基础的读者也大有裨益。本书在介绍基本理论的基础上，提供大量的实例，并且所有的实例均配有详细的操作步骤，帮助读者理解和掌握基本理论。本书的每一章后面包含有若干习题，供读者进一步巩固和提高所学的知识。

本书适合本科院校使用，还可用作高职高专院校、成人高校教材，以及图形图像处理初学者的自学用书。

◆ 主　　编　李　文　李　影
副 主 编　隋占丽　于　娟　王　波
责任编辑　刘　博
责任印制　彭志环　焦志炜

◆ 人民邮电出版社出版发行　北京市丰台区成寿寺路 11 号
邮编 100164　电子邮件 315@ptpress.com.cn
网址 http://www.ptpress.com.cn
北京京华虎彩印刷有限公司印刷

◆ 开本：787×1092　1/16
印张：11.25　　　　　　　2014 年 1 月第 1 版
字数：257 千字　　　　　2017 年 8 月北京第 2 次印刷

定价：56.00 元（附光盘）

读者服务热线：(010)81055256　印装质量热线：(010)81055316
反盗版热线：(010)81055315
广告经营许可证：京东工商广登字 20170147 号

Photoshop 是由 Adobe 公司开发的图形图像处理软件。它功能强大、易学易用，深受平面设计人员和图像处理爱好者喜爱，已经成为这一领域的主流软件。

目前，我国许多高等院校都将 Photoshop 作为一门重要的专业课程，为了帮助教师全面、系统地讲授这门课程，使学生能够熟练地使用 Photoshop 来进行图像处理和创作，我们几位长期在高等院校从事 Photoshop 教学的教师，共同编写了本书。

本书从实用的角度出发，全面、系统地讲解了 Photoshop CS5 的各项功能和使用方法，书中内容基本涵盖了 Photoshop CS5 的全部工具和基本功能，并运用多个精彩实例贯穿于整个讲解过程中，操作一目了然，语言通俗易懂，

本书建议教学课时为 36 学时，各章的主要内容及教学课时数见下表。

章	课程内容	课时分配	
		理论	实验
第 1 章	图形图像处理基础知识	1	1
第 2 章	Photoshop 基本操作	1	1
第 3 章	Photoshop 常用工具	2	2
第 4 章	图像的选取	4	4
第 5 章	滤镜	1	1
第 6 章	色彩的编辑与应用	2	2
第 7 章	图层	3	3
第 8 章	路径与文字	2	2
第 9 章	动作与动画	2	2
课时总计		18	18

本书可作为普通高等院校艺术设计、计算机等专业相关课程教材使用，同时也可供相关图像处理爱好者参考使用。

本书由李文、李影担任主编，隋占丽、于娟、王波担任副主编。由于编写仓促，加之编者水平有限，书中难免存在错误和疏漏之处，希望广大读者朋友批评指正。

编者

2013 年 12 月

目 录

第 1 章　图形图像处理基础知识...........................1

1.1 Photoshop 简介...........................1
1.2 图像处理相关概念...........................2
　　1.2.1 位图与矢量图...........................2
　　1.2.2 像素...........................3
　　1.2.3 分辨率...........................3
　　1.2.4 颜色模式...........................4
1.3 常用的文件格式...........................5
课后习题...........................6

第 2 章　Photoshop 基本操作...........................7

2.1 Photoshop CS5 工作界面介绍...........................7
2.2 图像文件操作...........................8
　　2.2.1 新建文件...........................8
　　2.2.2 打开文件...........................9
　　2.2.3 保存文件...........................9
2.3 图像的编辑...........................10
　　2.3.1 设置图像显示比例...........................10
　　2.3.2 改变图像大小...........................11
　　2.3.3 画布大小...........................11
　　2.3.4 变换...........................12
　　2.3.5 撤销操作...........................14
　　2.3.6 裁剪工具...........................15
2.4 图层的基本操作...........................15
　　2.4.1 图层概念...........................15
　　2.4.2 图层的基本操作...........................16
课后习题...........................18

第3章 Potoshop 常用工具........................ **19**

3.1 **设置前景色和背景色** 19
3.2 **画笔工具组** 20
   3.2.1 画笔工具 20
   3.2.2 铅笔工具 22
   3.2.3 颜色替换工具 23
3.3 **修复画笔工具组** **23**
   3.3.1 污点修复画笔工具 23
   3.3.2 修复画笔工具 24
   3.3.3 修补工具 24
   3.3.4 红眼工具 25
3.4 **历史记录画笔工具** **25**
3.5 **仿制图章工具组** **26**
   3.5.1 仿制图章工具 27
   3.5.2 图案图章工具 27
3.6 **渐变工具组** **28**
   3.6.1 渐变工具 29
   3.6.2 油漆桶工具 30
   3.6.3 "填充"命令 30
3.7 **橡皮擦工具组** **31**
   3.7.1 橡皮擦工具 31
   3.7.2 背景橡皮擦工具 32
   3.7.3 魔术橡皮擦工具 33
3.8 **减淡工具组** **33**
   3.8.1 减淡工具 33
   3.8.2 加深工具 33
   3.8.3 海绵工具 33
3.9 **模糊工具组** **34**
   3.9.1 模糊工具 34

3.9.2　锐化工具 34

3.9.3　涂抹工具 35

课后习题 35

第 4 章　图像的选取 38

4.1　使用工具创建选区 38

4.1.1　创建规则形状选区 38

4.1.2　创建不规则形状选区 41

4.1.3　根据颜色创建选区 43

4.2　选区的编辑 47

4.2.1　选区的基本操作 47

4.2.2　修改选区 47

4.2.3　变换选区 51

4.3　使用 Alpha 通道创建选区 53

4.3.1　Alpha 通道概述 53

4.3.2　在通道中建立具有羽化效果选区 54

4.3.3　在通道中建立图形化的选区 55

4.4　使用快速蒙版创建选区 57

4.5　选取操作应用实例 58

课后习题 61

第 5 章　滤镜 64

5.1　滤镜基础 64

5.1.1　使用滤镜的常识 64

5.1.2　预览和应用滤镜 65

5.1.3　滤镜库的使用 65

5.2　液化滤镜 66

5.3　消失点 68

5.4　风格化滤镜组 71

5.5　画笔描边滤镜组 ……………………………………73

5.6　模糊滤镜组 ……………………………………………75

5.7　扭曲滤镜组 ……………………………………………78

5.8　锐化滤镜组 ……………………………………………82

5.9　素描滤镜组 ……………………………………………84

5.10　纹理滤镜组 …………………………………………85

5.11　像素化滤镜组 ………………………………………87

5.12　渲染滤镜组 …………………………………………88

5.13　艺术效果滤镜组 ……………………………………90

课后习题 …………………………………………………92

第 6 章　色彩的编辑与应用 …………………………… 96

6.1　直方图 …………………………………………………96

6.2　亮度 / 对比度的调整 …………………………………96

　　6.2.1　色阶命令 ……………………………………………96

　　6.2.2　"曲线"命令 ………………………………………98

　　6.2.3　亮度 / 对比度命令 …………………………………100

6.3　色彩调整 ……………………………………………101

　　6.3.1　色相 / 饱和度 ……………………………………101

　　6.3.2　色彩平衡 …………………………………………103

　　6.3.3　替换颜色 …………………………………………104

　　6.3.4　变化 ………………………………………………105

6.4　制作黑白照片的方法 ………………………………106

　　6.4.1　灰度 ………………………………………………106

　　6.4.2　去色 ………………………………………………107

　　6.4.3　黑白 ………………………………………………107

　　6.4.4　阈值 ………………………………………………108

6.5　其他调整 ……………………………………………109

　　6.5.1　匹配颜色 …………………………………………109

　　　6.5.2　反相 110

　6.6　**通道抠图** **110**

　　课后习题 **111**

第 7 章　图层 113

　7.1　**图层的应用** **113**

　　　7.1.1　图层的排列顺序 113

　　　7.1.2　图层的应用 115

　7.2　**图层的混合效果** **117**

　　　7.2.1　图层的不透明度 117

　　　7.2.2　图层的混合模式 117

　7.3　**图层样式** **122**

　　　7.3.1　添加图层样式 122

　　　7.3.2　图层样式应用 124

　　　7.3.3　图层样式的编辑 127

　7.4　**图层蒙版** **129**

　　　7.4.1　创建图层蒙版 129

　　　7.4.2　编辑图层蒙版 130

　　　7.4.3　创建剪贴蒙版 131

　7.5　**调整图层** **132**

　7.6　**3D 功能简介** **137**

　　课后习题 **139**

第 8 章　路径与文字 141

　8.1　**路径的基本概念** **141**

　　　8.1.1　什么是路径 141

　　　8.1.2　认识路径面板 142

　　　8.1.3　认识路径工具 142

　8.2　**路径的创建** **142**

8.2.1　钢笔工具绘制路径 143

8.2.2　自由钢笔工具绘制路径 143

8.2.3　形状工具绘制路径 144

8.3　路径的编辑 145

8.3.1　选择路径 145

8.3.2　添加 / 删除锚点 146

8.3.3　转换锚点类型 146

8.3.4　变换路径 147

8.3.5　路径运算 148

8.3.6　填充和描边 148

8.4　路径与选区的转化 150

8.4.1　路径转化为选区 150

8.4.2　选区转化为路径 152

8.5　文字 152

8.5.1　文字工具 152

8.5.2　文字转化为路径 154

8.5.3　文字沿路径绕排 155

8.6　路径与形状的综合实例 156

8.6.1　制作太阳花 156

8.6.2　制作邮票 158

课后习题 160

第 9 章　动作与动画 161

9.1　动作面板 161

9.1.1　认识动作面板 161

9.1.2　播放预设动作 161

9.2　录制动作 162

9.3　批处理 165

9.4　动画 167

课后习题 170

第 1 章 图形图像处理基础知识

1.1 Photoshop 简介

Photoshop 是一款专门用于图形图像处理的软件，被广泛应用于包装设计、产品造型、平面广告、数码影像处理和效果图的后期处理等众多行业，从而让用户能够设计出视觉效果丰富的创意作品。随着数码相机的普及，越来越多的非专业人士开始使用 Photoshop。

1. 包装设计

个性化的产品包装设计，会让产品更容易被记住，包装是产品非常重要的一个组成部分。比如说到红罐凉茶，我们自然会想到某品牌凉茶（见图 1-1）。

2. 产品造型

传统的产品造型都是通过手绘的，手绘图缺点在于不易于修改，而 Photoshop 可以通过其绘图功能进行产品造型的设计，也可以对三维设计输出图像进行后期修改，示例如图 1-2 所示。

图 1-1 包装设计

图 1-2 产品造型

3. 平面广告

平面广告中一般会介绍产品的主要特点，让人们对产品有一个大致的了解，通常以有创意的想法博得用户喜爱，某饮料的平面广告如图 1-3 所示。

图 1-3　广告设计

4.　数码影像处理

由于数码产品品质、拍摄者水平、环境等因素影响，拍出来的照片或多或少存在一定的问题，或者是想对照片进行艺术化处理，这些问题都可以用 Photoshop 来解决。图 1-4a 所示为一张拍摄得较暗的原始图片，图 1-4b 所示为经过 Photoshop 处理后的效果。

图 1-4a　数码影像处理

图 1-4b　效果图

1.2　图像处理相关概念

在学习图像处理之前，要先了解一下图像处理的相关概念。

1.2.1　位图与矢量图

1.　位图

位图也叫点阵图，是由像素点构成的。在对位图进行放大时，会出现马赛克效果，这是由于对位图进行放大时，位图中的像素会增加，像素被重新分配到网格中。位图品质和分辨率有关，单位面积内的像素越多，分辨率越高，图像效果就越好，如图1-5a和图1-5b所示。

图 1-5a 位图　　　　　　　　　　　　　　图 1-5b 位图放大后效果

2. 矢量图

矢量图是使用数学方式描述的曲线，以及由曲线围成的色块组成的面向对象的绘图图像。由于矢量图与分辨率无关，因此矢量图进行放大时不会出现失真的情况，如图1-6a和图1-6b所示。使用 Illustrator 等软件绘制出来的图像是矢量图。

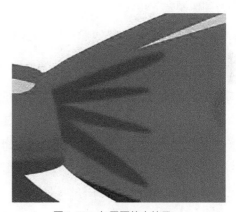

图 1-6a 矢量图　　　　　　　　　　　　　图 1-6b 矢量图放大效果

1.2.2 像素

像素是构成图像的最小单位。当把图像放大时，可以看到一个个的格状点，每一个格状点就是一个像素，一个格子代表一种颜色。如图1-5所示，位图进行放大后，可以看到网格状效果。

1.2.3 分辨率

分辨率分为图像分辨率、显示器分辨率和打印机分辨率三种。

1. 图像分辨率

图像分辨率是指单位面积上的像素的数量，单位是像素／英寸，分辨率的高低直接影响图像的效果，分辨率越高，图像越清晰，图像文件的大小越大。

2. 显示器分辨率

显示器分辨率是指显示器所能显示的点数的多少。由于屏幕上的点、线和面都是由点组成的，显示器可显示的点数越多，画面就越精细，同样的屏幕区域内能显示的信息也越多，所以以分辨率是个非常重要的性能指标之一。可以把整个图像想象成是一个大型的棋盘，而分辨率的表示方式就是所有经线和纬线交叉点的数目。

3. 打印机分辨率

打印机分辨率又称为输出分辨率，是指在打印输出时横向和纵向两个方向上每英寸最多能够打印的点数，通常以"点／英寸"即 dpi（dot per inch）表示。

1.2.4 颜色模式

图像的颜色模式主要有 RGB、CMYK、HSB、Lab 等。使用 Photoshop 中的菜单"图像"\"模式"，可以进行图像模式的转换。

1. RGB 颜色模式

RGB 颜色模式由 R（红色）、G（绿色）、B（蓝色）三种颜色构成，它是一种被用于发光屏幕的模式，是 Photoshop 默认的模式。RGB 三种颜色通道使用 8 位颜色信息，由 0 到 255 的亮度值来表示。通过三个通道的组合，可以产生 16 万多种颜色。R、G、B 三种颜色的值都是用 0 表示黑色，用 255 表示白色。由于 RGB 颜色合成可以产生白色，因此，RGB 生成颜色的方法也叫加色法，如图 1-7 所示。

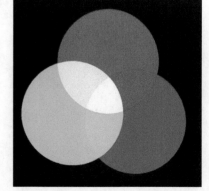

图 1-7　RGB 颜色模式

2. CMYK 颜色模式

CMYK 是一种用于印刷的模式，是由 C（青色，Cyan），M（品红，Magenta），Y（黄色，Yellow），K（黑色，Black）构成，其中黑色用 K 表示，用来与蓝色 B 进行区分。CMYK 颜色合成时可以吸收所有光线并产生黑色，因此，CMYK 产生颜色的方法称为减色法。

3. Lab 颜色模式

Lab 颜色模式也是由三个通道组成，一个通道是亮度，即 L，另外两个通道是色彩通道，即 a 和 b。a 表示从深绿色（低亮度值）到灰色（中亮度值）再到亮粉红色（高亮度值）；b 表示从蓝色（低亮度值）到灰色（中亮度值）再到黄色（高亮度值）。Lab 模式所定义的色彩最多，与光线及设备无关，且 Lab 转换成 CMYK 模式时，色彩没有丢失或被替换，因此，可以用 Lab 模式编辑图像，再转换为 CMYK 模式，这样可以最大限度地避免色彩损失。

4. HSB 颜色模式

在 HSB 模式中，H（hues）表示色相，S（saturation）表示饱和度，B（brightness）表示亮度。HSB 模式对应的媒介是人眼。

色相（H, hue）：在 0~360° 的标准色轮上，色相是按位置度量的。在通常的使用中，色相是由颜色名称标识的，比如红、绿或橙色。黑色和白色无色相。

饱和度（S, saturation）：表示色彩的纯度，为 0 时为灰色。白、黑和其他灰色色彩都没有饱和度。在最大饱和度时，每一色相具有最纯的色光。取值范围 0~100%。

亮度（B, brightness）：是色彩的明亮度。值为 0 时即为黑色。最大亮度是色彩最鲜明的状态。取值范围 0~100%。

1.3　常用的文件格式

1. PSD 格式

PSD 格式是 Photoshop 默认的图像格式。PSD 文件可以存储成 RGB 或 CMYK 模式，还能够自定义颜色数并加以存储，还可以保存 Photoshop 的层、通道、路径等信息，是目前唯一能够支持全部图像色彩模式的格式。

2. JPEG 格式

JPEG 是目前所有格式中压缩率最高的格式。目前大多数彩色和灰度图像都使用 JPEG 格式压缩图像，压缩比很大而且支持多种压缩级别。当对图像的精度要求不高而存储空间又有限时，JPEG 是一种理想的压缩方式。

3. BMP 格式

BMP 是 DOS 和 Windows 兼容计算机系统的标准 Windows 图像格式。BMP 格式支持 RGB、索引颜色、灰度和位图颜色模式，但不支持 Alpha 通道。

4. TIFF 格式

TIFF 格式支持多种计算机平台。TIFF 是一种灵活的图像格式，被所有绘画、图像编辑和页面排版应用程序支持。几乎所有的桌面扫描仪都可以生成 TIFF 图像。而且 TIFF 格式还可加入作者、版权、备注以及自定义信息。

5. GIF 格式

目前几乎所有相关软件都支持它。GIF 格式的特点是其在一个 GIF 文件中可以存多幅彩色图像，如果把存于一个文件中的多幅图像数据逐幅读出并显示到屏幕上，就可构成一种最简单的动画。

课后习题

1. Photoshop 有哪些功能？
2. 图像的颜色模式有哪些？如何进行颜色模式的切换？
3. 什么是位图？什么是矢量图？

第 2 章　Photoshop 基本操作

本书以 Photoshop CS5 版本为操作平台。在使用 Photoshop CS5 前，首先要了解 Photoshop CS5 的基本操作，从而在今后的创作中能够得心应手。

2.1　Photoshop CS5 工作界面介绍

启动 Photoshop CS5 并打开一个素材文件，可以得到如图 2-1 所示的工作界面。

图 2-1　Photoshop CS5 工作界面

1．标题栏

标题栏位于窗口最上部，显示了应用程序的名称，并集成了视图及页面布局等功能，包括启动 Bridge，启动 Mini Bridge，查看额外内容，缩放级别，排列文档，屏幕模式。

2．菜单栏

利用菜单栏可以完成大部分图像编辑命令。在 Photoshop CS5 中，扩展版有 11 个菜单，普及版有 9 个菜单。

Photoshop CS5 应用教程

3. 工具箱

工具箱通常在界面左侧，由 22 组工具组成。工具箱可以以一列或两列的形式出现，单击工具箱上部的██按钮进行切换。在工具箱里，有的图标下只存放一个工具，有的存放若干个工具。当看到工具箱右下角有黑色三角形标志▣时，表示里面还有隐藏的工具。单击鼠标右键或长按鼠标左键可以展开工具箱。

4. 工具属性栏

"工具属性栏"的内容会随着用户选择的工具变化而变化。每种工具对应不同的属性，通过属性的设置，可以使工具功能变得更丰富。

5. 工作窗口

工作窗口用于显示当前打开文件的名称、显示比例、颜色模式等信息。

6. 状态栏

状态栏用于显示当前文件的显示比例和一些编辑信息。

7. 活动面板

Photoshop CS5 中的一些命令是以活动面板的形式出现的，主要集中在右侧，通过"窗口"菜单可以打开或关闭活动面板，也可以拖动活动面板的标签改变活动面板的位置。

2.2 图像文件操作

2.2.1 新建文件

要创建一个空白文档，可以使用"文件 \ 新建"命令，快捷键为 Ctrl+N。新建对话框如图 2-2 所示。在新建文档时可以设置图像名称、大小、分辨率、颜色模式和背景色等项。图 2-2 新建的是一个默认参数的文档。

在新建文档时要注意：（1）文档的大小，文档大小越大，所需要的系统资源越多，如果文档大小过大，电脑运行速度可能会变慢。（2）颜色模式，颜色模式如果设置成"灰度"，在"拾色器"中设置任何颜色都将是灰色的。

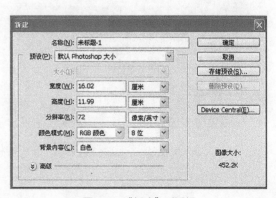

图 2-2　"新建"对话框

2.2.2　打开文件

打开文件可以使用以下三种方法。

（1）使用"文件＼打开"命令，快捷键为 Ctrl+O，可以打开一个或多个已经存在的图像文件。

（2）使用"文件＼在 Bridge 中浏览"命令，可以打开"Bridge"窗口，在该窗口中将显示所有图片文件的缩略图，用户可以在左侧的目录树窗口中找到文件所在位置，在中间缩略图浏览窗口中进行浏览，选中一个图片后，可以在右侧预览图像，双击该图片可以在 Photoshop 中打开该图像文件。"Bridge"对话框如图 2-3 所示。

图 2-3　"Bridge"对话框

（3）打开存放图像的文件夹，直接把图像拖曳到 Photoshop 工作区。

2.2.3　保存文件

保存文件可以使用以下三种方法。

（1）使用"文件＼存储"命令，快捷键为 Ctrl+S。如果图像未被保存过，将弹出"存储为"对话框，如图 2-4 所示。如果图像已经保存过，可以以同样的文件名覆盖存储。

（2）使用"文件＼存储为"命令。可以改变文件名称和格式保存，方法同 1。如果不想破坏原来的素材图像，可以使用"存储为"命令，这样原来的图像不会被改变。

（3）使用"文件＼存储为 Web 和设备所用格式"命令，可以对要保存的图像进行优化

图 2-4　"存储为"对话框

Photoshop CS5 应用教程

处理，还可以从中选取合适的压缩率的图像，如图 2-5 所示。

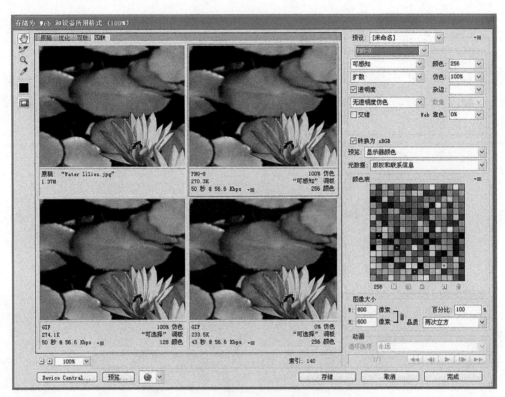

图 2-5 "存储为 Web 和设备所用格式"对话框

注意：在保存图像时，如果需要改变图像格式，必须在"格式"位置单击下拉菜单按钮，选择需要的格式，而不能直接在文件的名称位置键入所需要的文件扩展名，这样会导致文件格式与扩展名不符而使图像不可用。

2.3 图像的编辑

2.3.1 设置图像显示比例

在编辑处理图像时，可以对细节部分放大后再处理，这样可以使处理后的效果更加细致。

1. 缩放工具

选择工具箱中的"缩放工具" 🔍 ，将鼠标移到图像窗口中变成放大形态🔍，单击可以放大图像，如果想放大某一区域，可以在这个区域拖动鼠标，就可以把该区域放大。如果按住 Alt 键或是在属性栏中选中缩小按键，可以进入缩小形态🔍，单击窗口图像可以缩小。

在使用任何工具时，按 Ctrl+Space 组合键在图像上单击放大；按 Ctrl+Alt+Space 组合键单击缩小。

2.　"导航器"面板

使用"窗口\导航器"命令，打开导航器面板，如图 2-6 所示。通过移动导航器面板下面的滑块缩放图像，向左表示缩小，向右表示放大。也可以直接在百分比的位置输入缩放的百分比进行缩放。如果图像缩放超过当前显示大小，导航器中出现红色方框，红色方框内的内容是当前查看的区域。拖动这个红色方框改变查看内容，快捷键是"Space+ 鼠标拖动"。

图 2-6　"导航器"面板

2.3.2　改变图像大小

使用"图像\图像大小"命令可以调整图像像素大小、打印尺寸和分辨率，如图 2-7 所示。在调整图像大小时，如果是对矢量图进行调整，对效果没有影响；如果是对位图调整，可以导致图像品质和锐化程度损失。例如将一幅很小的图像的大小调大，缺少的像素是通过计算得到的，画面看起来失真严重，因此尽量使用适当大小的图像。

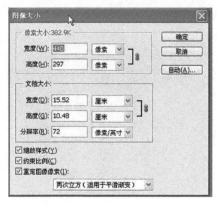

图 2-7　"图像大小"对话框　　　　　　　图 2-8　画布大小

2.3.3　画布大小

画布是指实际打印的工作区域。使用"图像\画布大小"命令可以按指定方向增大或减少现有的工作空间，如图 2-8 所示。

2.3.4 变换

使用"编辑\变换"命令，快捷键为 Ctrl+T，可以对普通图层中的像素或选区中的内容做缩放、旋转、翻转、变形等操作。特别注意，使用变换命令后要确认（按回车键）或取消（按 Esc 键），否则不能进行其他操作，如图 2-9 所示。

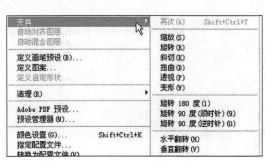

图 2-9　变换命令

图 2-10　原图

1. 缩放、旋转

按下 Ctrl+T 快捷键，图像边缘会出现 8 个调整点，如图 2-10 所示。把鼠标放在 7 或 8 拖动点上，可以改变图像水平方向大小；放在 5 或 6 上，可以改变图像垂直方向大小；放在 1、2、3、4 上，可以同时改变水平和垂直方向大小，在拖动时按住"Shift"键，可以等比例缩放，如图 2-11 所示；鼠标放在调整点外侧，光标变成圆角形，可以旋转图像，如图 2-12 所示。

图 2-11　缩放

图 2-12　旋转

2. 斜切、扭曲、透视、变形

配合斜切、扭曲、透视、变形命令，在拖动点上调整，可以得到以下效果，如图 2-13 ～ 图 2-16 所示。

例：制作倒影效果，原始图如图 2-17 所示，制作效果如图 2-18 所示。

（1）打开素材中"第 2 章\2-17.jpg"文件，选择"图像\画布大小"命令，将定位设置成向下，勾选"相对"按键，高度改成 192 像素，如图 2-19 所示。

图 2-13　斜切

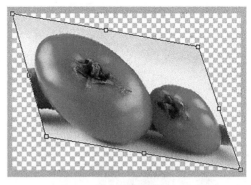

图 2-14　扭曲

图 2-15　透视

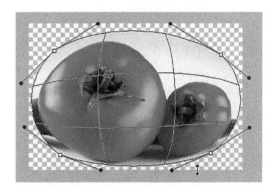

图 2-16　变形

图 2-17　原图

图 2-18　效果图

图 2-19　"画布大小"对话框及效果

（2）选择矩形选框工具 ，将上半部分的图选中，如图 2-20 所示。

（3）选择移动工具 ，按住 Alt 键，将上半部分选区向下移动，复制该选区，如图 2-21 所示。

图 2-20　选中上半部分

图 2-21　复制选区

（4）使用"变换"命令，快捷键为 Ctrl+T，右键单击鼠标，选择"垂直翻转"命令，并按回车键确认。效果如图 2-22 所示。

图 2-22　垂直翻转效果

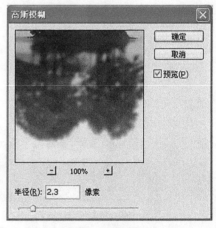

图 2-23　高斯模糊

（5）执行"滤镜＼模糊＼高斯模糊"命令，如图 2-23 所示。按 Ctrl+D 取消选区。最终效果如图 2-18 所示。

2.3.5　撤销操作

1.　使用菜单命令撤销

在 Photoshop 操作时，可以使用"编辑"菜单中的"还原"和"重做"命令进行相应操作，快捷键为 Ctrl+Z。

也可以使用"编辑"菜单中的"后退一步"和"前进一步"命令来进行连续撤销和恢复操作。快捷键 Ctrl+Alt+Z 是连续撤销操作，Ctrl+Shift+Z 是连续恢复操作。

2. 使用"历史记录"面板撤销

使用"窗口 \ 历史记录"命令打开历史记录面板，历史记录面板会记录每一个操作的动作，可以用鼠标单击选择撤销或恢复的步骤。Photoshop 默认历史记录为 20 步，如图 2-24 所示。

图 2-24　历史记录面板

2.3.6　裁剪工具

裁剪工具就像剪刀一样，可以将图像中不需要的部分剪掉。在工具箱中选择裁剪工具，按下鼠标左键在图像中拖动，得到一个裁剪控制框。这个控制框的使用方法与变换控制框的使用方法相似，可以放大、缩小、旋转，旁边的黑色区域表示剪掉的部分，如图 2-25 所示。

图 2-25　裁剪及效果

2.4　图层的基本操作

2.4.1　图层概念

"图层"是学习 Photoshop 必须掌握的概念之一。图层就像一张张透明的胶片，每一个图层中都包含各种各样的图像。把这些透明的胶片重叠在一起，就可以得到一个合成了的图像。每个图层的内容单独存在，修改某一图层的内容不影响其他图层内容。图 2-26 展示了图层的概念。

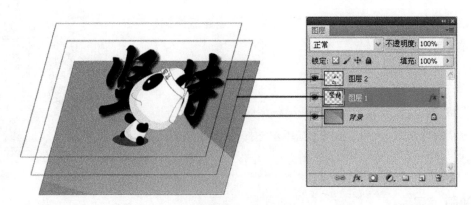

图 2-26　图层示意图

2.4.2　图层的基本操作

图层的操作大都可以用图层面板实现。图层面板用于管理图层，在图层面板中，可以设置当前图像文件中所有图层的不透明度、混合模式等参数。图 2-27 所示为图层面板。

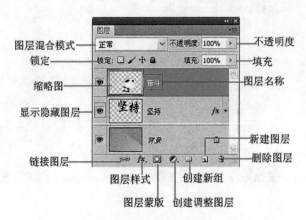

图 2-27　"图层"面板

1．修改图层名称

默认的图层名称为"图层1"、"图层2"等，为了区分图层内容，可以在图层名称位置双击改变图层名称。如图 2-26 所示，将名称改为"坚持"、"奋斗"。

2．显示隐藏图层

眼睛图标◉用于显示和隐藏图层，可单击鼠标进行切换。

3．建立新图层

由于不同图层之间的内容在操作时不会相互干扰，所以在操作时，一般把不同的内容放在不同的图层中，单击新建按钮◻可以新建一个透明图层。

4. 复制图层

将图层拖动新建按钮 ![button] 上，可以复制一个图层，如图 2-28 所示。

5. 删除图层

将图层选中，拖动到删除按钮 ![button] 上可以删除图层。

6. 选中图层

图 2-28 复制图层

要对哪一个图层进行操作，一定要选中该图层。选中一个图层可以在该图层上单击鼠标，图层呈现蓝色表示图层被选中。要选中多个不连续的图层可以按住 Ctrl 键单击；要选中多个连续的图层，可以单击第一个图层，再按住 Shift 键，单击最后一个图层。

7. 链接图层

链接图层可以将两个以上的图层链接到一起，被链接的图层可以被一起移动或变换。方法是在"图层"面板中按住 Ctrl 键，在要链接的图层上单击，将其选中后，单击链接 ![link] 按钮，此时被选中的图层被链接在一起。如果要取消链接，可以再次单击链接 ![link] 按钮。

8. 合并图层

Photoshop 对图层的数量没有限制，用户可以任意新建图层。但图层太多，处理和保存就会占用很大的磁盘空间，因此，可以将一些图层合并。图 2-29 所示为合并图层菜单。

```
向下合并(E)       Ctrl+E
合并可见图层     Shift+Ctrl+E
拼合图像(F)
```

图 2-29 合并图层菜单

在"图层"菜单下有以下三种合并图层的方法。

（1）向下合并，快捷键为 Ctrl+E，可以将当前图层与下一层合并为一个新的图层，合并后的图层名称为下一层的名称。合并时下一层必须是可见的，否则命令无效。如果针对链接图层进行合并，"向下合并"会变成"合并图层"，所有链接的图层都会被合并在一起。

（2）合并可见图层，快捷键为 Ctrl+Shift+E，将图像中所有可见图层合并为一个图层，隐藏的图层保持不变，合并后的图层名称为当前图层的名称。

（3）拼合图像，将图层中所有的图层合并成一个图层，如有隐藏图层，丢掉。

9. 锁定

锁定 ![lock] 包括锁定透明、锁定画笔、锁定移动、锁定图层，锁定后，相关的操作不能使用；锁定图层后，对锁定的图层所有的操作都不能使用。

10. 将背景层转为普通层

背景层位于图层的最底层，大多数命令不能作用于背景层，背景层是不透明的，因此，在需要对背景层操作时可以在背景层上双击，在弹出

图 2-30 背景层转为普通层

的对话框中将背景层转化为普通层，转成普通层后，背景层变成"图层 0"，如图 2-30 所示。

课后习题

1. 制作狗狗效果。

打开素材中"第 2 章 /2-31.psd"文件，按快捷键 Ctrl+T 变换选区，右键单击鼠标选择"水平翻转"，并调整狗的大小，再次右键单击鼠标选择"变形"，效果如图 2-31 所示。

2. 打开素材中"第 2 章 /2-32.jpg"文件，将图中倾斜的热气球裁剪并修正。原图如图 2-32 所示，裁剪后如图 2-33 所示，最终效果如图 2-34 所示。

图 2-31　效果图

图 2-32　原图

图 2-33　裁剪

图 2-34　效果图

第 3 章　Potoshop 常用工具

Photoshop 工具箱中用于绘图和修饰图像的工具有画笔工具组、修复画笔工具组、历史记录画笔工具组、仿制图章工具组、橡皮擦工具组、减淡工具组、模糊工具组等，本章介绍这些工具的用法。

3.1　设置前景色和背景色

在 Photoshop 中可以使用工具箱中的"设置前景色"和"设置背景色"按钮快速得到需要的颜色。用前景色填充快捷键是 Alt+Delete，用背景色填充快捷键是 Ctrl+Delete。

默认的前景色是黑色，背景色是白色，按工具栏中的"默认前景色和背景色"按钮█可以切换成默认的"前黑背白"的颜色，快捷键是 D；🔄 按钮可以使前景色与背景色互换，快捷键 X，如图 3-1 所示。

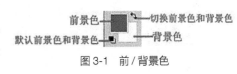

图 3-1　前 / 背景色

在"前景色"或"背景色"按钮上单击，可以打开"拾色器"对话框，如图 3-2 所示。

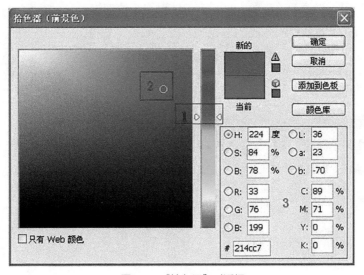

图 3-2　"拾色器"对话框

在设置颜色时，先在图中 1 的色带上选择色相的范围，再在 2 的位置选择具体的颜色，选中的颜色会出现在"新的"的位置，下边的是原来的颜色，也可以在 3 区域中通过参数设置颜色。当把鼠标移出拾色器区域外，鼠标指针会变成吸管🖊标志，这时在需要的颜色上吸取，可以用吸取的颜色代替当前的颜色。

Photoshop CS5 应用教程

3.2 画笔工具组

在 Photoshop CS5 中，画笔工具组包含画笔工具、铅笔工具、颜色替换工具和混合器画笔工具，如图 3-3 所示。

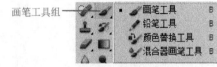

图 3-3　画笔工具组

3.2.1 画笔工具

画笔工具可以将预设的笔尖图案直接绘制到当前的图层中。该工具的使用方法与现实中的画笔使用方法相似，只要选择相应的画笔笔尖后，在文档中按下鼠标左键拖动便可以进行绘制，被绘制的笔触颜色以前景色为准。

在工具箱中选中画笔工具后，在工具属性栏可以设置相应选项，如图 3-4 所示。

图 3-4　画笔属性栏

1. 画笔

用户在使用画笔时，可以通过单击画笔的工具属性栏中的"画笔预设"选取器，如图 3-5 所示，在画笔预设选取器下可以设置画笔笔触大小（画笔笔触变小快捷键是[，笔触变大快捷键是]）、硬度和不同的形态的笔触。画笔笔触分 4 种类型：硬边画笔、柔和画笔、不规则形状画笔及特殊笔尖画笔。

2. 切换画笔面板

画笔按钮只能设置简单的大小、硬度等，要想进一步设置画笔形态，可以单击"切换画笔面板"按钮 快速打开或关闭"画笔"面板。画笔面板如图 3-6 所示。

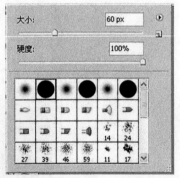

图 3-5　"画笔预设"选取器

在画笔面板下除了可以设置笔触大小、笔尖形态外，还可以对画笔进行进一步修改，如"间距"、"形状动态"、"散布"等，单击前面的方框可以选中该功能，单击文字部分可以对该功能参数进行设置。

3. 模式

与图层"混合模式"相同，在"模式"选项中提供了画笔和图像的合成效果，可以在图像上应用独特的画笔效果。

4. 不透明度

不透明度数值越小，绘制出的笔触越透明；反之，绘制的笔触越接近实际颜色。

20

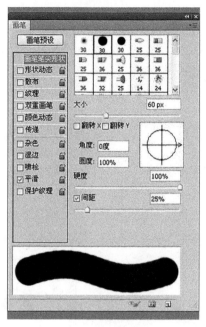

图 3-6　画笔面板

5. 流量

用于调整画笔的笔触密度，将图像显示为模糊的效果。流量值越小，模糊效果越明显。

【例 3-1】　在地上画出枫叶，原图如图 3-7 所示，效果如图 3-8 所示。

图 3-7　原图

图 3-8　效果图

（1）打开素材中"第 3 章 \3-7.jpg"文件，选择画笔工具，单击工具属性栏的"切换画笔面板"打开画笔面板。找到枫叶形状的笔尖，设置合适的大小和间距，设置画笔参数如图 3-9 所示。

（2）单击"形状动态"进入形状动态设置，设置如图 3-10 所示。

（3）单击"散布"进入散布设置，设置如图 3-11 所示。

（4）单击"颜色动态"进入形状动态设置，将前景色设为设置为"#c72518"背景色设为"#b31813"，如图 3-12 所示。

（5）鼠标在图中草地的地方拖动，画出枫叶效果，如图 3-8 所示。

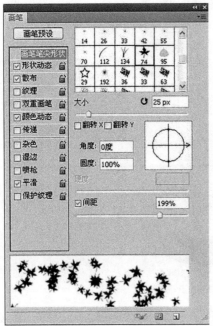

图 3-9　画笔笔尖形状

图 3-10　形状动态

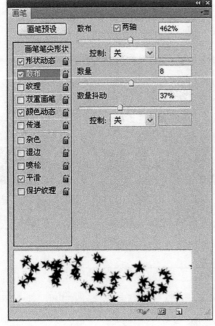

图 3-11　散布

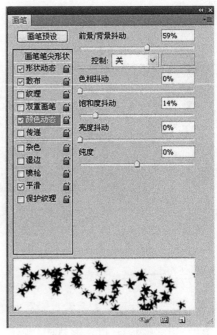

图 3-12　颜色动态

3.2.2　铅笔工具

　　铅笔工具与画笔工具用法相似，不同的是铅笔工具绘制的图像边缘有一种生硬感（见图 3-l3）。

图 3-13　铅笔效果

3.2.3　颜色替换工具

颜色替换工具即可以替换图像中的颜色。例如使用前景色在目标颜色上绘画。

【例 3-2】　给花朵替换颜色，原始图及最终效果如图 3-14 所示。

设置前景色为 #8109a4，在工具属性栏中设置 模式:颜色 ☑ 限制 连续 ☑ 容差 64% ，设置合适的画笔笔触涂抹即可。

图 3-14　颜色替换工具效果

3.3　修复画笔工具组

修复画笔工具如图 3-15 所示。

3.3.1　污点修复画笔工具

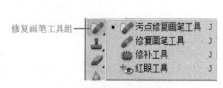

图 3-15　修复画笔工具组

污点修复画笔工具可以快速地消除照片中的斑点和污痕，
而不必事先对有污点的地方进行选择。使用时，要用好笔触大小，让笔触能够套在污点上，单击鼠标即可消除污点。修复效果如图 3-16 所示。

图 3-16　污点修复效果

3.3.2　修复画笔工具

修复画笔工具可以修复图像中的污点，并能使修复后的效果自然融入到周围图像中。修复的同时会保留图像的纹理、亮度等信息。

【例 3-3】　去掉宝宝照片身上的墨水，如图 3-17 所示。

使用方法如下。

① 按住 Alt 键，单击鼠标左键取样。

② 松开 Alt 键，在污点的位置涂抹。

为了达到最佳效果，最好在污点周围多次取样涂抹。

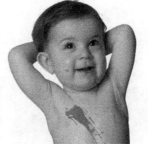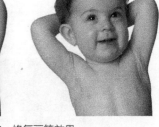

图 3-17　修复画笔效果

3.3.3　修补工具

修补工具可以从图像的其他区域或使用图案来修补当前选中的区域（见图 3-18 和图 3-19）。

图 3-18　原图　　　　　　　　　　　　　　　图 3-19　效果图

【例 3-4】　将图 3-18 中的花去掉。

（1）打开素材中"第 3 章 \3-18.jpg"文件，选择修补工具 ，沿着花大致绕一圈（不用特别精确）把花选中，形成一个选区，如图 3-20 所示。

（2）把鼠标放在该选区中，把该选区向旁边拖动，选区中的内容会被移动到的位置的像素代替，如图 3-21 所示。

图 3-20　选出花　　　　　　　　　　　图 3-21　将选区拖曳到其他地方

（3）修补效果如图 3-17 所示。

3.3.4　红眼工具

在使用闪光灯拍摄时，经常会出现红眼现象，使用"红眼工具"可以去除图像中特殊的反光区域。打开有红眼效果的图像，使用红眼工具在红眼上单击即可将红眼去掉。处理效果如图 3-22 所示。

图 3-22　红眼照片及处理后效果

3.4　历史记录画笔工具

历史画笔工具如图 3-23 所示。

历史记录画笔工具组 —— 历史记录画笔工具　Y
历史记录艺术画笔工具　Y

图 3-23　历史记录画笔工具组

历史记录画笔可以让图像的局部退回到历史中的某个步骤，要配合历史记录面板使用。

【例 3-5】　保留图 3-24 中个别橙子的颜色，效果如图 3-25 所示。

图 3-24　原图　　　　　　　　　　　　　　　图 3-25　效果图

（1）打开素材中"第 3 章 \3-24.jpg"文件，按 Ctrl+Shift+U，执行"去色"操作，如图 3-26 所示。

（2）打开历史记录面板，如图 3-27 所示，在历史记录面板中有执行过的操作步骤，每一步前面有一个方格 ，单击方格时方格会变成 ，这表示将局部操作退回至该步骤下。

图 3-26　去色效果　　　　　　　　　　　　　图 3-27　历史记录面板

（3）使用历史记录画笔 ，在需要恢复成原来的橙子上涂抹，也可以将画笔的不透明度和流量降低，这样可以不完全恢复到原来的颜色。

3.5　仿制图章工具组

仿制图章工具组如图 3-28 所示。

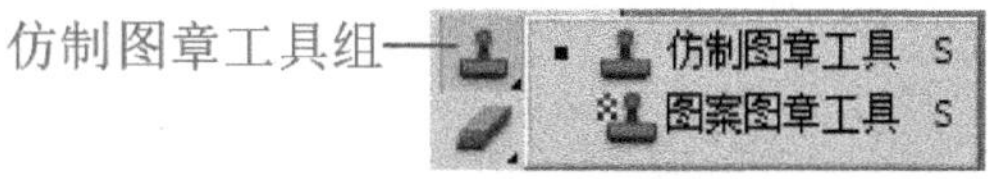

仿制图章工具组————
图 3-28 仿制图章工具组

3.5.1 仿制图章工具

"仿制图章工具"可以从图像中取样，然后将样本应用到同一个图像的其他区域或其他图像中。使用时先按住 Alt 键在样本上单击取样，然后在需要复制的位置进行涂抹，涂抹时，笔尖形态与画笔设置方法相同，取样点会有一个十字形指针与之相对应。

"仿制图章工具"不仅可以仿制出与原图一模一样的图案，配合"仿制源"面板，也可以仿制出缩小、放大、旋转等效果的图案。"仿制源"面板如图 3-29 所示。原图如图 3-30 所示，仿制效果如图 3-3l 所示。

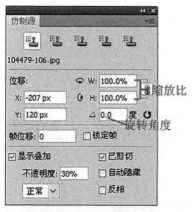

图 3-29 "仿制源"面板

图 3-30 原图

图 3-31 效果图

3.5.2 图案图章工具

"图案图章"可以将特定区域指定为图案纹理，并可以通过拖动鼠标填充图案。该工具常用于

Photoshop CS5 应用教程

制作背景图案。

"图案图章"的图案可以使用系统自带的图案，也可以使用自定义图案。

【例 3-6】 给人物添加花朵的背景，原图如图 3-32 所示，效果如图 3-33 所示。

图 3-32　原图　　　　　　　　图 3-33　效果图

（1）打开素材中"第 3 章 /3-34.jpg"文件，使用矩形选框工具，将图中最下面的花选中，如图 3-34 所示，使用"编辑 \ 定义图案"命令，在弹出的对话框中单击 确定 按钮。

图 3-34　自定义图案

（2）打开素材中"第 3 章 \3-32.psd"文件，选中背景层，使用图案图章工具，在属性栏中选择在上一步定义好的图案进行涂抹。效果如图 3-33 所示。

3.6　渐变工具组

渐变工具组如图 3-35 所示。

渐变工具组

图 3-35　渐变工具组

3.6.1 渐变工具

渐变工具可以使多种颜色逐渐混合，这种混合可以是从前景色到背景色的过渡，也可以是前景色与透明背景间的过渡或者是其他颜色间的相互过渡。渐变工具属性栏如图 3-36 所示。

图 3-36 "渐变"属性栏

1. 渐变框

单击渐变框右侧的下拉菜单按钮▼，可以弹出默认渐变颜色效果，如图 3-37 所示。如果单击渐变框的颜色条位置，就会弹出"渐变编辑器"，如图 3-38 所示。在渐变编辑器中，色带上面的滑块表示不透明，色带下面的滑块表示色相，在色带上单击可以增加滑块，将滑块拖动出色带范围可以删除滑块。根据需要调整不透明度和色相滑块从而自定义渐变效果。

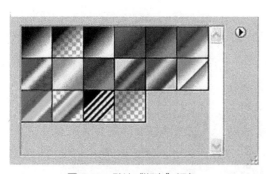

图 3-37 默认"渐变"颜色

图 3-38 渐变编辑器

2. 渐变模式

将前景色设为白色，背景色为黑色，分别使用线性渐变、径向渐变、角度渐变、对称渐变、菱形渐变，效果如图 3-39 所示。

线性渐变　　　　　　　　　　径向渐变　　　　　　　　　　对称渐变

图 3-39 各种渐变效果

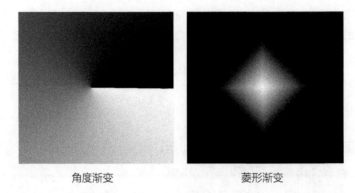

角度渐变   菱形渐变

图 3-39   各种渐变效果（续）

其中线性渐变是从一种颜色到另一种颜色的变化，拉出的线越长，渐变过渡越大。径向渐变、对称渐变、角度渐变、菱形渐变是以鼠标的起始点为中心点，拉出的半径为渐变半径。

3.6.2   油漆桶工具

利用"油漆桶"工具 可以在图像中填充颜色或图案。油漆桶工具可以使用前景色或图案时进行填充，如图 3-40 所示。填充时，可以对与鼠标单击处相同或相近的颜色范围进行填充。使用图案填充时，要在属性栏中设置填充类别为"图案"并选中一种图案进行填充，如图 3-41 所示。

图 3-40   使用"前景色"和"图案"进行填充效果   图 3-41

3.6.3   "填充"命令

使用"编辑\填充"命令也可以进行填充，快捷键 Shift+F5。如图 3-42 所示为填充对话框。

在填充命令中，可以使用前景色、背景色、颜色、图案、历史记录、黑色、50% 灰色、白色和内容识别填充。其中前景色、背景色、颜色、图案的使用方法与油漆桶相近，填充命令与油漆桶工具不同的是，在没有设定选区时，油漆桶只能填充与当前鼠标单击点相同或相近的颜色，而填充命令则是对整

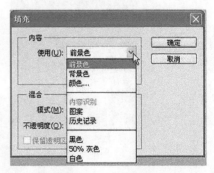

图 3-42   填充对话框

个图层进行填充。另外，也可以使用快捷键 Alt+Delete 进行前景色填充或快捷键 Ctrl+Delete 进行背景色填充。

　　使用"历史记录"填充与历史记录画笔相近。首先在历史记录面板下设置需要恢复到的步骤，在前面的▇处单击使之变成 ✐ ，再使用"编辑 \ 填充"命令打开"填充"对话框，选择"历史记录"，并按 ▭确定▭ 键即可用设置的历史记录步骤填充到当前图层下。

　　"填充"对话框一个新增功能是使用"内容识别"填充。内容识别填充可以将选区中的内容根据选区外的图像内容进行填充。

　　【例 3-7】　去除天空中的热气球。

　　（1）打开素材中"第 3 章 \3-43.jpg"文件，将图中的气球选中（见图 3-43），选区不需要做的很精确。

　　（2）使用"编辑 \ 填充"命令或快捷键 Shift+F5 打开"填充"对话框，在"使用"后面的下拉菜单中选择"内容识别"，单击"确定"按钮。效果如图 3-44 所示。

图 3-43　选中气球

图 3-44　效果图

3.7　橡皮擦工具组

　　橡皮擦工具组如图 3-45 所示。

3.7.1　橡皮擦工具

　　橡皮擦工具的使用方法与画笔使用方法相近。在背景层上使用橡皮擦，是用背景色替代擦除的像素，在普通层上使用橡皮擦，可以直接把像素擦成透明效果。

　　将背景色设为黑色，使用橡皮擦工具在背景层上擦除的效果如图 3-46 所示。

　　在背景层上双击，将背景层转化为普通层后擦除的效果如图 3-47 所示。

橡皮擦工具组——　　橡皮擦工具　E
　　背景橡皮擦工具　E
　　魔术橡皮擦工具　E

图 3-45　橡皮擦工具组

Photoshop CS5 应用教程

图 3-46　橡皮擦在背景上擦除

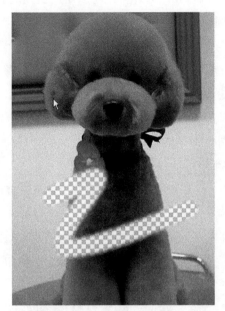

图 3-47　橡皮擦在普通层擦除

3.7.2　背景橡皮擦工具

　　背景橡皮擦是用透明色擦除背景色。擦除时可以设置取样，如果设置"连续取样"，可以把所有的颜色擦成透明；如果设置为"取样一次"，只能擦除鼠标落点处相近的颜色；如果设置为"取样背景色板"，则可以擦除与背景色相同的颜色区域。使用背景橡皮擦后，背景层会直接转化为普通层。使用背景橡皮擦擦除效果如图 3-48 所示。

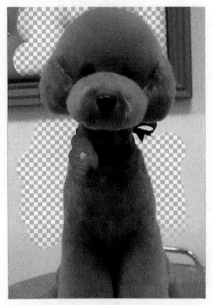

图 3-48　背景橡皮擦

图 3-49　魔术橡皮擦

3.7.3　魔术橡皮擦工具

魔术橡皮擦工具可以自动擦除颜色相近的区域，使用魔术橡皮擦在图像上单击，与单击处相近的颜色都将被擦成透明。使用魔术橡皮擦擦除效果如图 3-49 所示。

3.8　减淡工具组

减淡工具组如图 3-50 所示。

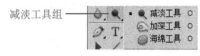

图 3-50　减淡工具组

3.8.1　减淡工具

减淡工具用来提亮图像局部，属性栏如图 3-51 所示。"范围"表示是对阴影、中间调或是高光部分进行提亮。曝光度用于设置该工具作用于图像的程度。原图如图 3-52 所示，减淡效果如图 3-53 所示。

图 3-51　减淡属性栏

3.8.2　加深工具

加深工具用来加暗图像局部。属性设置与减淡工具相同。使用效果如图 3-54 所示。

3.8.3　海绵工具

海绵工具用于增加或减少图像的色彩饱和度。使用效果如图 3-55 所示。

图 3-52　原图

图 3-53　"减淡工具"效果

图 3-54 "加深工具"效果

图 3-55 "海绵工具"效果

3.9 模糊工具组

模糊工具组如图 3-56 所示。

模糊工具组 ── 模糊工具
　　　　　　　锐化工具
　　　　　　　涂抹工具

3.9.1 模糊工具

图 3-56 模糊工具组

　　模糊工具可以对图像的局部进行模糊处理，其原理是降低相邻像素之间的反差，使图像的边界或区域变是柔和，制作出模糊效果。图 3-57 所示为将背景模糊以突出前景事物。

图 3-57 将背景模糊效果

3.9.2 锐化工具

　　锐化工具用于增加边缘的对比度以增加外观上的锐化程度，使图像的线条更加清晰，图像效果更加鲜明，常用于将模糊的图像变得清晰。使用效果如图 3-58 所示。

图 3-58　使用"锐化"工具在建筑物及树的部分涂抹效果

3.9.3　涂抹工具

利用涂抹工具可以在图像中模拟将手指拖过湿油彩时所产生的效果，对图像进行扭曲。使用效果如图 3-59 所示。

图 3-59　涂抹工具效果

课后习题

1. 打开素材中"第 3 章 /3-60.jpg"文件，使用仿制图章将盘子里的糖仿制到另外的盘子里。原图如图 3-60 所示，效果如图 3-61 所示。

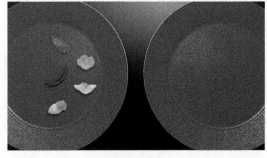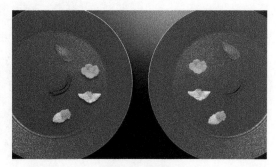

图 3-60　原图　　　　　　　　　　　　　　图 3-61　效果图

2. 打开素材中"第3章/3-62.jpg"文件，使用适合的工具把车上的划痕修掉。原图如图3-62所示，效果如图3-63所示。提示：使用修复画笔和仿制图章分别修复试试。

图 3-62　原图

图 3-63　效果图

3. 打开素材中"第3章/3-64.jpg 和第 3 章 /3-65.jpg"文件，给图（见图3-64、图3-65）中的狗狗换个背景。效果如图3-66所示。

图 3-64

图 3-65

图 3-66　效果图

提示：使用橡皮擦工具把狗的背景擦掉，再使用移动工具把擦好的狗拖曳到图 3-66 下。

4．为图 3-67 中的小女孩去斑，效果如图 3-68 所示。

提示：当图像中的污点比较大而少时，可以使用污点修复画笔或者是修复画笔。但是当污点较多且小，如图 3-67 所示，使用修复画笔就不适合了，这时可以使用模糊加历史记录画笔的方法。

图 3-67　原图　　　　　　　　　　　　　　图 3-68　效果图

（1）打开素材中"第 3 章 \3-67.jpg"文件，使用"滤镜 \ 模糊"\ 高斯模糊"命令，打开"高斯模糊"对话框，如图 3-69 所示。（高斯模糊的半径是根据图像实际来设定的，只要图像上的斑点看不清就可以了）

（2）使用高斯模糊后人的脸变得不清楚了，如图 3-70 所示。这时使用历史记录画笔来帮忙。打开历史记录面板，将历史记录的恢复定位在"高斯模糊"步骤上，当前使用定位在"打开"步骤下，如图 3-71 所示。可以适当降低历史记录画笔的流量和不透明度，在图上进行涂抹，最终效果如图 3-68 所示。

图 3-69　高斯模糊　　　　　图 3-70　高斯模糊效果　　　　图 3-71　历史记录面板

第 4 章　图像的选取

　　每一幅画，每一个造型设计，都应该强调整体的和谐、美观。然而，整体是局部构成的，任何作品，都必须从局部入手，一步一步绘制完成。局部设定得恰当精确与否，往往会影响整个作品的成败。

　　人们对选区的要求千差万别，仅用选择工具建立的选区有时满足不了造型的需要，这时我们就要用到"选择"菜单上的命令来对选区进行特殊的加工和修饰。此外"选择"菜单还有选择范围和提高选择效率的作用。

4.1　使用工具创建选区

　　在 Photoshop 中，选取图像的方法是多种多样的，如使用工具箱里的选择工具、利用快速蒙版模式和使用 Alpha 通道、路径的转换等都可以创建图像的选区范围。下面首先介绍选择工具的使用。

4.1.1　创建规则形状选区

　　Photoshop 提供了很多图像选区工具，如图 4-1 所示，其中创建规则形状选区的是选框工具。

1．矩形、椭圆选框工具

　　使用选框工具是最简单的建立规则选区的方法。Photoshop 提供了 4 种选框工具，分别是矩形选框工具、椭圆选框工具、单行选框工具和单列选框工具，如图 4-1 所示。它们在工具箱的同一按钮组中，平时只有被选择的一个为显示状态，其他的为隐藏状态，可以通过右键单击鼠标来显示出所有的选框工具（见图 4-2），再根据需要来选择所使用的工具。

图 4-1　常用的选区工具　　　　　图 4-2　选框工具

　　矩形选框工具和椭圆选框工具用于矩形和圆形选区的建立。选择工具箱中的矩形选框工具，或椭圆选框工具后，在绘图区中拖动鼠标，就能绘制出矩形选区或是圆形选区，建立的选区以闪动的虚线框表示。

　　在建立选区的过程中，还可以结合一些辅助按键来达到某些特殊效果：

　　按住 Shift 键拖动鼠标，可以建立正方形或正圆形选区。

按住 Alt 键拖动鼠标，可以以起点为中心绘制矩形或椭圆选区。

按住 Shift+Alt 组合键拖动鼠标，可以以起点为中心绘制正方形或正圆形选区。

在使用选框工具时，单击图像窗口可以取消所选取范围；或是按 Ctrl+D 组合键来取消选区。

2. 创建选区的模式及快捷键

在很多情况下无法一次性得到需要的选区，此时需要在原有选区的基础上进行一些增加与删减，这样的操作就要利用创建选区的模式。

创建选区的模式是指工具选项栏左侧的 按扭，图 4-3 所示为不同工具的选项栏。

图 4-3 不同选择工具的选项栏

新选区模式：可建立一个新的选区，并且在建立新选区时取消原有选区。

添加到选区模式：新创建的选区与已有的选区相加，即使是彼此独立存在的选区。

从选区减去模式：从已存在的选区中减去当前绘制的选区。

与选区交叉模式：将获得已存在的选区与当前绘制的选区相交叉（重合）部分。

在选区操作中，若按创建选区模式按钮进行切换，则要再单击"新选区"按钮。因而在实际操作中使用快捷键更为简便。

快捷键操作如下。

选区相加：按 Shift 键绘制，可在原有选区中添加新绘制的选区。

选区相减：按 Alt 键绘制，可从原有选区中减去新绘制的选区。

选区交叉：按 Shift+Alt 键，可保留原有选区与当前新绘制的选区相交部分。

【例 4-1】 创建选区实例。

学习使用椭圆选框工具制作齿轮。

（1）新建一个图像文件，宽 600 像素、高 400 像素、白色背景。

（2）在图层面板下方单击创建新建图层的按钮。单击矩形选框工具在顶部创建 30 像素 × 110 像素的长方形选区；单击设置前景色为黑色，按快捷键 Alt+ +Del 填充选区的颜色，按快捷键 Ctrl+D 取消选区。按快捷键 Ctrl+T 对长方形进行变形，按下 Ctrl+Alt+Shift 组合键的同时拉动长方形右下角的小方框使之变成一个等腰梯形。单击右上角的对勾应用修改，如图 4-4 所示。

（3）将齿轮图层拖至图层面板下的新建图层图标即可直接复制出新图层，在新图层上按快捷键 Ctrl+T，将中心点拉至梯形下边的中点，在工具栏上设置旋转角度为 20 度，使梯形复制并旋转 20 度，单击右上角的对勾应用修改。按快捷键 Ctrl+Alt+Shift+T 进行多次复制，直至形成一个基础的齿轮。在图层面板选中所有梯形层，按快捷键 Ctrl+E 合并图层，如图 4-5 所示。

图 4-4

（4）打开标尺，用横竖标尺线找出齿轮中心点，用椭圆选区工具按下 Alt+Shift 从中心点反向画

一个可以遮住齿轮尖角的圆形选区并填充上黑色，随后撤销选区及标尺，如图 4-6 所示。

图 4-5　　　　　　　　　　　　　　　　　图 4-6

（5）按第四步画一个小于第四步圆的半径的圆形选区，按 Del 键删除选区内的黑色区域，然后取消选区，如图 4-7 所示。

（6）按 Alt 键加上框形选区工具选择一个以圆形中心点为中心、小圆直径为高的长方形选区，并填充上黑色。执行"选择\变换选区"命令，在工具属性栏里设置旋转角度为 90 度，选区填充黑色后取消选区，如图 4-8 所示。

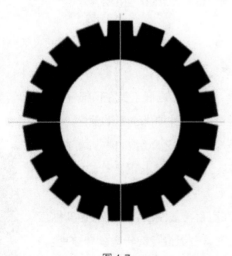

图 4-7　　　　　　　　　　　　　　　　　图 4-8

（7）复制齿轮层，对副本层单击锁定透明区，修改齿轮颜色为红色。用移动工具将作好的齿轮拖到素材中"第 4 章\图 4-9.jpg"图像文件中，最终效果如图 4-9 所示。

图 4-9

4.1.2　创建不规则形状选区

制作不规则形状选区可以使用套索工具，套索是一个十分形象的称谓，生活中的套索是首尾相衔的封闭的柔性工具，形状是可任意变换的，而且是用来捕捉活物的武器。Photoshop 套索的性质酷似真实的套索，可以用来捕获（选取）各种不规则区域。可以说，没有用套索选不出的形状。

套索也是一个工具组，共有三个工具，分别叙述如下。

1．套索工具

套索工具可以根据鼠标指针运动的轨迹来建立选区，如图 4-10 所示。

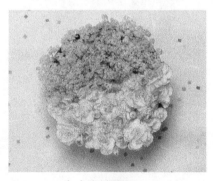

（a）素材原图

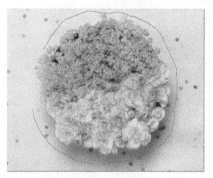

（b）套索选取中

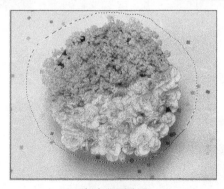

（c）得到选区

图 4-10　套索工具选取不规则选区

（1）选择套索工具，然后在图像窗口单击确定其起点。

（2）按住鼠标左键绕需要选择的图像拖动鼠标。

（3）当鼠标指针回到选取的起点位置时，释放鼠标左键，此时就会形成一个闭合的不规则范围的选区。

2. 多边形套索工具

多边形套索工具可以通过连续单击选择不规则的多边形选区，如图 4-11 所示。该工具的操作方法与套索工具有所不同。

（1）打开素材中"第 4 章 \4-11.jpg"图像文件，在工具箱中选择多边形套索工具 。

（2）在图像中单击作为起点，沿着要选择区域的边缘，不断地移动鼠标指针至下一位并单击。

（3）当回到起始点时，鼠标指针处会出现一个小圆圈，单击完成选区的操作，如图 4-11 所示。

（4）如果选取线段的终点没有回到起点，请双击后会自动连接终点和起点，成为一个封闭的选区。

（5）如果在单击过程中出错，可以按 Delete 键删除一个错误节点，按 Esc 键退出。

（a）原图　　　　　　　　　　　　　（b）选取后

图 4-11　多边形套索工具选取不同规则多边形选区

3. 磁性套索工具

磁性套索的图标由磁铁加套索组成，形象地显示了这个工具的作用。磁性套索工具 主要用于在已绘图像（特别是色调分明、轮廓清晰的图像）上选取出局部图形，它可以依据图像边缘的反差自动寻找选择的路径。此工具不适合在空白图像上创造选区。

磁性套索的工具属性栏如图 4-12 所示。

图 4-12　磁性套索工具属性栏

"消除锯齿"复选框：用于清除锯齿。

"宽度"文本框：用于指定选区边缘的宽度，取值范围在 1 至 256 像素，值越大检测范围越大。

"对比度"用于设置选区边界的反差值，以百分数表示，值越大磁性套索对颜色对比反差的敏感程度越低。

"频率"文本框：设置选区边缘的节点数，值越大，节点越多，选区越精确。

使用操作如下，效果如图 4-13 所示。

（1）选择磁性套索工具 在图像边缘单击设置开始选取的起点。

（2）沿着图像的边缘移动鼠标指针（不需要按住鼠标左键）当鼠标指针右下角出现小圆圈时，再单击即可完成选取。

（3）出现错误时，可以按 Delete 键删除一个错误节点，按 Esc 键退出。

（a）"频率"为 40 的选取结果　　　　　　（b）"频率"为 100 的选取结果

图 4-13　使用磁性套工具选取

4.1.3　根据颜色创建选区

1. 魔棒工具

该工具之所以叫做魔棒，是因为它具有一种"魔力"，能够同时把指定容差范围内的相同或者相近的颜色纳入选区。也就是说，它能够区分不同层级的颜色，只要一单击，它就能够把需要的颜色统统囊括进入选区。

使用魔棒选取时，还可以通过如图 4-14 所示的工具选项栏设定颜色值的近似范围。

图 4-14　魔棒工具属性栏

（1）容差：设置颜色选取范围，其值可为 0~255。较小的容易差值使魔棒可选取与单击处像素非常相近的颜色，选取范围色彩范围较小。而较大的容差值可以选择较宽的色彩范围。

（2）连续：选中该复选框，表示只能选中单击处相邻区域中的相同像素；如果取消了该复选框，则能选中所有颜色相近，但位置不一定相邻的区域。

实例操作如下。

（1）打开素材中"第 4 章 \ 图 4-15.jpg"图像文件，希望将图中的鱼选取出来（见图 4-15），观察鱼的颜色与其区域颜色的差异。

（2）选择魔棒工具![魔棒]单击白色区域，然后执行"Ctrl+Shift+I"命令（反选），将鱼选中。

（3）打开素材中"第 4 章 \ 图 4-16.jpg"图像文件，用移动工具将选中的鱼移到文件里，如图 4-16 所示。

图 4-15   图 4-16

2. 快速选择工具

快速选择工具![快速选择]可以快速在图像中对需要选取的部分建立选区，使用方法非常简单，只要选择该工具后，使用指针在图像中拖动即可将鼠标经过的地方创建选区，并且支持采用不断单击方式创建选区。

如果要选取较小的图像，则可以将画笔直径按照图像的大小进行适当地调整，这样可以使选取更加精确。此工具选项栏如图 4-17 所示。

图 4-17   快速选择工具选项栏

其中各选项含义如下。

（1）运算模式：限于该工具创建选区的特殊性，只设定了三种运算模式，即新选区![]、添加到新选区![]和从选区中减去![]。

- 新选区：选择该项后，对图像进行选取时，松开鼠标后会自动转换成"添加到选区"功能。再选择该选项，可以创建另一新选区或使用鼠标将选区进行移动。

- 添加到选区：选择该项后，可以在图像中创建多个选区，相交时可以将两个选区合并。

- 从选区中减去：选择该项后，拖动鼠标经过的位置会创建的选区减去。

（2）画笔：用来设置创建选区的笔触、直径、硬度和间距等。

（3）自动增强：勾选该复选框可以增强选区的边缘。

（4）对所有图层取样：选中此复选框，则无论当前选中哪个图层都可创建选区。

【例 4-2】　选取操作。

（1）打开素材中"第 4 章 \ 图 4-18.jpg"图像文件，希望将图中的卡通人物选取出来。

（2）选择快速选择工具 后，使用指针在卡通人物区域拖曳，即可快速得到想要的选区，如图 4-18 所示。

（a）部分选区选取　　　　　　　　　　　（b）全部选区选取

图 4-18　用快速选择工具做选区

（3）打开素材中"第 4 章 \ 图 4-19.jpg"图像文件，用移动 工具将选中的卡通人物移到文件里，如图 4-19 所示。

图 4-19　合成效果图

3. "色彩范围"命令

"色彩范围"命令是另一种根据颜色建立选区的方法。相对于魔棒工具来说，使用该命令对相近的颜色区域进行选取要更灵活些。用此方法可以一面预览一面调整，还可以随心所欲地完善选取图像。

实例操作如下。

（1）打开素材中"第 4 章 \ 图 4-20.jpg"图像文件，如图 4-20 所示，希望将图中的花朵选取出

来，观察颜色差异。

（2）选择"选择\色彩范围"命令，打开"色彩范围"对话框，如图 4-21 所示。

图 4-20   图 4-21   "色彩范围"对话框

用吸管工具 在花朵区域处单击取样，再用工具 在下面周围单击增加取样颜色。

（3）移动颜色容差滑块增大颜色的选取范围，单击 确定 按钮，即可得到选区。

4. "扩大选取"命令和"选取相似"命令

在 Photoshop 中可以通过"扩大选取"命令和"选取相似"命令对创建的选区进行进一步设置。"扩大选取"命令可以将选区扩大到与当前选区相连的相同像素；"选取相似"命令可以将图像中与选区相同像素的所有像素都添加到选区。"扩大选取"命令与"选取相似"命令的操作方法非常简单。

实例操作如下。

（1）打开素材中"第 4 章\图 4-22.jpg"图像文件，使用魔棒工具选取图中一个小球的一部分，如图 4-22（a）所示。

（2）选择"选择\扩大选取"命令（可执行多次），结果一整个小球被选中，如图 4-22（b）所示。

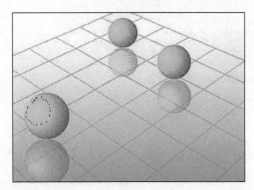

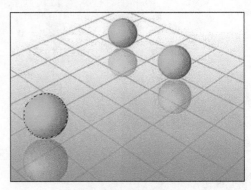

（a）部分小球被选取   （b）一整个小球被选取

图 4-22   执行"放大选取"命令

（3）选择"选择＼选取相似"命令，结果图中 3 个小球匀被选中，如图 4-23 所示。

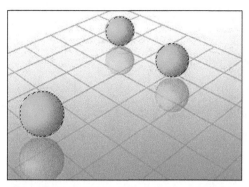

图 4-23　执行"选取相似"命令全部小球被选取

4.2　选区的编辑

在创建完选区后，可能会因它的大小或位置不合适而需要进行改变和移动，本节较为详细地介绍调整选区常用的方法与技巧。

4.2.1　选区的基本操作

1．选择所有像素

选择所有像素，即指将图层中所有的像素都选中，这也是 Photoshop 中创建选区较为简单的一种方式。

要选择图层中的所有内容，可以按 Ctrl+A 组合键或是选择"选择＼全选"命令。

2．反向选择

选择"选择＼反向"命令或是按 Ctrl+Shift+I 组合键，可以选择当前选区以外的区域。

3．取消选择

创建好选区后，选择"选择＼取消选区"命令或是按 Ctrl+D 组合键，可取消选区。

4．存储选区

创建好的精确选取范围往往要将它保存起来，以备重复使用。对于需要保存的选区可以执行"选择＼存储选区"命令进行存储，并可以在需要的时候将存储的选区通过执行"选择＼载入选区"命令进行调用。

4.2.2　修改选区

选择"选择＼修改"命令，用户可对选区进行"边界"、"平滑"、"扩展"和"收缩"操作。

1. 边界

将选区的边界向内收缩得到内边界，向外扩展指定的像素得到外边界，从而建立以内边界和外边界的扩边选区。

用魔棒工具选取如图 4-25 所示的花朵区域范围，选择"选择\修改\边界"命令，可以打开如图 4-24 所示"边界选区"对话框，对话框中输入相适合的像素值，然后确定，即可得到如图 4-26 所示选区。

图 4-24 "边界选区"对话框域

图 4-25 花朵被选取

图 4-26 边界选区

2. 扩展和收缩

使用该命令，可将选取范围均匀放大或缩小 1 至 100 个像素。其操作方法如下。

（1）打开素材中"第 4 章\图 4-25.jpg"图像文件，用麻魔棒工具在背景区域单击，将背景色部分全部选中。

（2）选择"选择\反选"命令，或按 Ctrl+Shift+I 组合键，将图像中的花选中。

（3）选择"选择\修改"\扩展（收缩）"命令，在弹出的对话框中输入适当的值，单击"确定"按钮。

（4）扩大（缩小）选取范围的操作完成，如图 4-27 所示。

（a）扩展量 =10 后选取范围

（b）收缩量 =10 后选取范围

图 4-27 扩展和收缩选取范围

3．平滑

使用魔棒等工具建立选区时，经常出现一大片选区中有些地方未被选中，选择"平滑"命令，在弹出的对话框中设置选区的平滑度，可以很方便地除去这些小块，使选区变得平滑完整。

4．羽化

柔化选区边界，使选区边缘产生渐变晕开、柔和的过渡效果。羽化功能是经常使用的功能之一，可以避免图像之间衔接过于生硬。

在工具箱中选择了某种选区工具后，首先要在该工具属性栏的"羽化"文本框中设定羽化半径，即可为将要创建的选区设置有效的羽化效果，否则羽化功能不能实现。

对于已经建立的选区要为其添加羽化效果，则要选"选择\修改\羽化"命令，打开羽化设置对话框，在该对话框中输入需要的羽化的半径，单击"确定"按钮即可。

实例1：观察不同的羽化半径选区的图像效果。

（1）打开素材中"第4章\图4-28.pg"图像文件，然后选择工具箱中椭圆选框工具，在相应的工具属性栏中设置羽化半径为0像素，在图中建立一个椭圆选区，如图4-28所示。

（a）原图

（b）羽化半径为0

（c）羽化半径为10

（d）羽化半径为30

图4-28　不同羽化半径的效果

（2）选择"选择\反选"命令，这时选中的区域是图像中椭圆选区以外的所有区域。

（3）在工具箱下方的拾色器中设置背景色为白色，按Ctrl+Delete组合键，会得到一个边缘清

晰的图像，这是一个没有羽化效果的图像（羽化半径为 0）。

（4）如果在创建选区前将羽化半径分别设置为 10 像素、30 像素，重复步骤（2）、步骤（3）可得到如图 4-28 所示的不同羽化半径的效果。

【例 4-3】 使用羽化的方法得到小楼倒影效果。

（1）打开素材中"第 4 章 \ 图 4-29.jpg"图像文件，选择椭圆选框工具，设置羽化值为 30，建立椭圆选区，按 Ctrl+C 组合键进行复制（见图 4-29）。

图 4-29 将小楼选中

（2）打开素材中"第 4 章 \ 图 4-30.jpg"图像文件（见图 4-30），按 Ctrl+V 组合键，将剪切板中的图像粘贴到当前文件中来。使用移动工具调整位置，如图 4-31 所示。

图 4-30

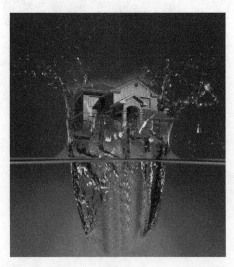

图 4-31

（3）选中移动工具，按 Alt 键拖动小楼，复制得到新的图层，在新的图层上应用 Ctrl+T 操作，调整得到小楼倒影，如图 4-32 所示。

图 4-32　合成效果

（4）以上操作可适当使用橡皮擦工具进行修正。

4.2.3　变换选区

"变换选区"命令可以对选区进行移动、旋转、缩放和斜切等操作。既可以直接用鼠标进行操作，也可以通过在其属性选项栏中输入数值进行控制，如图 4-33 所示。

图 4-33　变换选区属性栏

选择"选择\变换选区"命令，即可进行选取范围自由变换状态，此时系统将显示一个变形框，如图 4-34 所示。用户可以任意变换选区的大小、位置、角度。

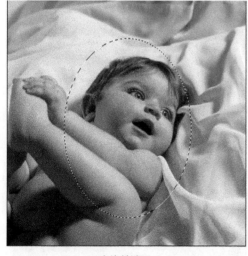

变换前选区

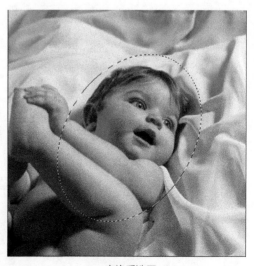

变换后选区

图 4-34　变换选区

- 移动选区：将鼠标指针移动到选取范围内侧，待鼠标指针变为黑色箭头形状后拖动即可移动选区。

- 变换选区大小：将鼠标指针移到选区的控制柄上，待鼠标指针变为双向箭头形状后拖动即可任意改变选区的大小。

- 自由旋转选区：将鼠标指针移动到选区外的任意位置，待鼠标指针变为拐角箭头形状时，可往顺时针或逆时针方向拖动，改变选区的角度。

【例 4-4】 通过创建与变换选区操作得照片的特殊效果。

（1）打开素材中"第 4 章\图 4-35.jpg"图像文件，选中矩形选框工具，做出选区，如图 4-35 所示。

（2）选择"选择\变换选区"命令，选区进入可编辑状态后，旋转选区后确定，如图 4-36 所示。

图 4-35

（3）按 Ctrl+Shift+I 组合键反选，用海绵工具（模式：降低饱和度）对图像进行去色操作。结果如图 4-37 所示。

图 4-36

图 4-37

（4）再次按 Ctrl+Shift+I 组合键反选，执行"编辑\描边"命令，打开"描边"对话框如图 4-38 所示。

（5）最终效果图如图 4-39 所示。

图 4-38

图 4-39

4.3　使用 Alpha 通道创建选区

4.3.1　Alpha 通道概述

Alpha 通道用于创建、存放、编辑选区，当用户创建选取范围被保存后就成为一个蒙版，保存在一个新建的通道里，在 Photoshop 中把这些新增的通道称为 Alpha 通道，所以 Alpha 通道是由用户建立的用于保存选区的通道。Alpha 可以使用各种绘图和修图工具进行编辑，也可以使用滤镜进行各种处理，从而制作出轮廓更为复杂的图形化的选区。

1. 新建通道

建立一个新通道，最简单的快捷的方法就是单击"通道"面板下方创建新通道按钮 。如果对新建的通道有其他设置要求，则单击"通道"面板右上角的控制菜单按钮 ，在弹出的菜单中选择"新建通道"命令，打开"新建通道"对话框，如图 4-40 所示。

名称：定义通道名称，系统默认名称按 Alpha1、Alpha2、Alpha3 顺序命名。

色彩指示：如果选择"被蒙版区域"单选按钮，在新建的通道缩略图中，白色区域表示被选取区域，黑色区域为被蒙版区域。如果选"所选区域"，则白色区域为蒙版遮盖区域，黑色区域为被选取区域。

颜色：在此栏中所设置的颜色为蒙版的颜色，双击颜色块，可打开"拾色器"对话框，可重新设置蒙版颜色。

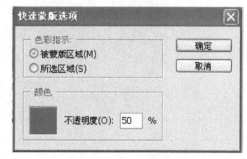

图 4-40　新建通道对话框

"不透明度"用于设置蒙版颜色的透明度。不透明度的百分比值不要太高，否则不便透过蒙版观察选区。

2. 查看通道

单击"通道"面板左边的眼睛图标 ，可以显示或隐藏通道。

3. 选择通道

在"通道"面板上单击通道名称或缩略图，即可以选择该通道。在被选中的情况下，该通道处于"显示"状态。

4. 复制通道

选中要复制的通道，拖动它到"通道"面板底端的创建新通道按钮 ，即可得到复制的通道。

另一种方法是在"通道"面板菜单中选择"复制通道"命令，在弹出的对话框中设置通道的名称和目标文档。

5. 删除通道

在图像编辑过程中，对没有使用价值的通道，可以用鼠标将通道拖动到"通道"面板下方的删除通道按钮 🗑 上直接删除它。

4.3.2 在通道中建立具有羽化效果选区

在 Alpha 通道中，白色表示选择区域，黑色代表非选择区域，灰色代表该区域具有不为"0"的羽化数值选区。因而在 Alpha 通道中可利用黑白渐变的方式来获取一个柔和边缘的羽化效果的选区。

【例 4-5】 通道创建选区。

（1）打开素材中"第 4 章 \ 图 4-4l.jpg"文件，如图 4-4l 所示，打开"通道"面板，单击创建新通道按钮，新建 Alpha1 通道。

（2）选择渐变工具，用黑白渐变做线性填充，如图 4-4l 所示。

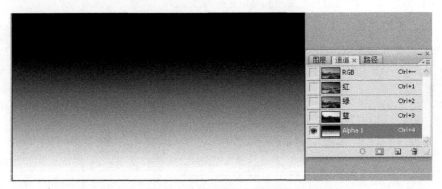

图 4-41　用黑白渐变做线性填充

（3）按住 Ctrl 键，单击 Alpha1 通道缩略图，将选区载入。

（4）单击 RGB 复合通道，回到图像编辑状态。按 Ctrl+C 组合键，复制选区内图像。

（5）打开素材中"第 4 章 \ 图 4-42.jpg"文件（见图 4-42）。

（6）按 Ctrl+V 组合键，将图像粘贴到该文件中。最终效果如图 4-43 所示。

图 4-42

图 4-43　合成效果

4.3.3　在通道中建立图形化的选区

【例 4-6】　图形化选区建立。

（1）打开素材中"第 4 章 \ 图 4-44.jpg"文件，如图 4-44 所示。

（2）打开"通道"面板，单击创建新通道按钮，新建 Alphal 通道。

（3）选择矩形选框工具，按下鼠标左键拖出一个矩形选区，如图 4-45 所示。

图 4-44　　　　　　　　　　　　　　　图 4-45　绘制矩形选区

（4）按 Ctrl+Shift+I 组合键，对选区进行反选。

（5）按 D 键，恢复前景色和背景色为系统默认的黑白色。

（6）按 Ctrl+Delete 组合键，用背景色（白色）填充选区，如图 4-46 所示。

（7）取消选区（按 Ctrl+D 组合键），选择"滤镜 \ 模糊 \ 高斯模糊"命令，参数设置如图 4-47 所示。

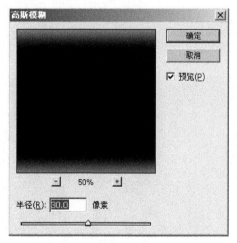

图 4-46　用背景色填充选区　　　　　　　图 4-47　"高斯模糊"对话框

（8）选择"滤镜 \ 纹理 \ 龟裂缝"命令，参数设置如图 4-48 所示。

（9）按住 Ctrl 键，单击 Alphal 通道缩略图，将选区载入，如图 4-49 所示。

（10）单击 RGB 复合通道，如图 4-50 所示，按 Alt+Delete 组合键，用白色填充选区，最终效果如图 4-51 所示。

图 4-48 "龟裂缝"对话框

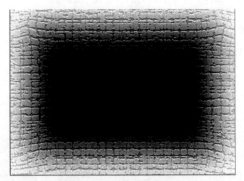

图 4-49 将通道作为选区载入

图 4-50 单击 RGB 复合通道

图 4-51 最终效果

4.4　使用快速蒙版创建选区

蒙版是一种选区，但它跟常规的选区颇为不同。常规的选区表现了一种操作趋向，即将所选区域进行处理；而蒙版却相反，它是对所选区域进行保护，让其免于操作，而对非掩盖的区域应用操作，通过蒙版可以创建图像的选区，也可以对图像进行抠图。

快速蒙版指的是在当前图像上创建一个半透明的图像，快速蒙版模式可以将任意选区作为蒙版进行编辑，而不必使用"通道"面板，在查看图像时也可以如此。将选区作为蒙版来编辑的优点是：几乎可以使用任何 Photoshop 工具或滤镜修改蒙版。但是它只是创建选区，并不能存放选区，因此只适合临时性的操作。双击工具箱下方的快速蒙版按钮，打开"快速蒙版选项"对话框，可以看到被蒙版区域默认的是半透明的红色覆盖，如图 4-52 所示。如果所操作的图像文件是红色的，为了能显示清楚，可以将被蒙版区域设置为蓝色，如图 4-53 所示。

图 4-52　被蒙版区域为"红色"

图 4-53　被蒙版区域为"蓝色"

此时"通道"面板上新增加一个快速蒙版通道，一旦切换回标准模式，快速蒙版通道就会消失，所建立的选区不能保存。

对于较复杂背景的选取可以使用快速蒙版建立选区，在该模式下几乎可以使用任何手段进行绘画，其原则是：用白色绘画可增加选取的范围，用黑色绘画可以减少选取范围。

【例 4-7】　快速蒙版建立选区。

（1）打开素材中"第 4 章 \ 图 4-54.jpg"图像文件，双击快速蒙版按钮，设置被蒙版区域为蓝色。再单击快速蒙版按钮，进入快速蒙版编辑模式。

（2）选择画笔工具，设置前景色为黑色，沿人物的轮廓勾勒，由于设置了被蒙版区域为蓝色，所以黑色画笔涂抹过的区域显示出蓝色。

（3）如果有涂错的地方，使用橡皮擦工具擦除（也可以使用白色画笔工具修改），将要选择的图像全部涂抹为蓝色，打开通道面板可见快速蒙版区域如图 4-54 所示。

在快速蒙版编辑模式下，当绘图工具用白色绘制或橡皮擦擦除时相当于擦除蒙版，即蓝色覆盖区域（被屏蔽的区域）变小，选区就会增大；当绘图工具用黑色绘制时，相当于增加蒙版面积，蓝色区域增加，也就是减

图 4-54　创建快速蒙版

少了选择区域。

（4）单击工具箱中的标准模式按钮，返回正常编辑模式，在图像上得到精确的选区。注意此时蓝色的区域为被屏蔽区域，若要选择人物则要选择"选择"\"反向"命令，将选出的人物复制到新的图层。抠出的图像如图 4-55 所示。

（5）打开素材中"第 4 章\图 4-55.jpg"图像文件，将选出的人物拖入其中，就可以轻松地为人物换一个背景了，如图 4-56 所示。

图 4-55　选出人物

图 4-56　换背景

4.5　选取操作应用实例

【例 4-8】　图像合成 l。

（1）打开素材中"第 4 章\图 4-57.jpg"文件，选择魔棒工具，默认容差值，将文件中的放大镜选中，如图 4-57 所示。

图 4-57　选中放大镜

图 4-58

（2）打开素材中"第 4 章\图 4-58.jpg"图像文件。

（3）使用移动工具将"图 4-57.jpg"文件中选中的放大镜拖曳到图 4-58.jpg"文件中，使用"自由变换"命令调整放大镜的大小和位置，如图 4-58 所示。

（4）使用相应的选取方法将放大镜的"镜面区"选中之后执行 Ctrl+Shift+I 反选操作，如图 4-59 所示。

（5）选中背景层后，使用模糊工具对选中的区域执行模糊操作，最终效果如图 4-60 所示。

图 4-59

图 4-60　最终效果

【例 4-9】　图像合成 2。

（1）打开素材中"第 4 章 \ 图 4-61.jpg"和"第 4 章 \ 图 4-62.jpg"两个文件。

（2）使用椭圆选框工具，设置羽化值 30，将图 4-61.jpg 文件中的花瓶选中，如图 4-61 所示。

（3）用移动工具将花瓶移动到图 4-62.jpg 文件中，如图 4-62 所示。

图 4-61　选中花瓶

图 4-62

（4）打开素材中"第 4 章 \ 图 4-63.jpg"文件，使用"色彩范围"命令，将文件中的文字选中，如图 4-63 所示。用移动工具将其移动到图 4-62.jpg 文件中，如图 4-64 所示。

图 4-63　文字被选中　　　　　　　　　　　　　图 4-64

（5）打开素材中"第 4 章 \ 图 4-65.jpg"文件，将图（见图 4-65）中的对象用移动工具移动到图像当中，最终效果如图 4-66 所示。

图 4-65　　　　　　　　　　　　　　　图 4-66　最终效果

课后习题

1. 打开素材中"第 4 章 \ 图 4-67.jpg（见图 4-67）"和"图 4-68.jpg"文件，使用选取操作与图像变换操作，制作合成图像效果，最终效果如图 4-68 所示。

图 4-67 两幅原图像文件

图 4-68 合成效果

2. 打开素材中"第 4 章 \ 图 4-69.jpg（见图 4-69）"和"图 4-70.jpg"文件，运用选区的操作制作如图 4-70 所示的效果。

Photoshop CS5 应用教程

图 4-69　两幅原图像文件

图 4-70　合成后效果图

3.　打开素材中"第 4 章 \ 图 4-71.jpg（见图 4-71）"、"图 4-72.jpg（见图 4-72）"和"图 4-73.jpg（见图 4-73）"文件，合成如图 4-74 所示的效果。

图 4-71

图 4-72

图 4-73

图 4-74

第5章 滤镜

5.1 滤镜基础

滤镜是 Photoshop 的特色之一，有万花筒之功效，利用 Photoshop 中的滤镜命令，可以在顷刻之间完成许多令人眼花缭乱的艺术效果。滤镜产生的复杂数字化效果源自摄影技术。

在 Photoshop 中，滤镜分为特殊滤镜、内置滤镜和外挂滤镜 3 种。

特殊滤镜包括滤镜库、液化滤镜和消失点滤镜，其功能强大而且使用频繁，在滤镜菜单中的位置也区别于其他滤镜。

内置滤镜是指由 Adobe 公司自行开发，并包含在 Photoshop 安装程序之中的滤镜特效，分为 14 种滤镜组，广泛应用于纹理制作、图像效果休整、文字效果制作、图像处理等各个方面。

外挂滤镜是指由第三方厂商开发，以一种插件的形式安装到 Photoshop 中的软件产品，其种类繁多，效果奇妙，如 KPT、Eye Candy 等都是著名的外挂滤镜。

在本章中主要介绍特殊滤镜和内置滤镜。每个滤镜功能都不相同，因此，必须熟悉每个滤镜的功能，并对其进行灵活的综合运用才能制作出满意的作品来。Photoshop 中滤镜的功能和应用虽各不相同，但在使用方法上却有许多相似之处，了解和掌握这些方法，对提高滤镜的使用效率很有帮助。

5.1.1 使用滤镜的常识

（1）要使用滤镜，只要从"滤镜"菜单中选取相应的子菜单命令即可，如图 5-1 所示。

（2）滤镜只应用于当前可视图层或选区，且可以反复应用，连续应用。

（3）上次使用过的滤镜将出现在滤镜菜单的顶部，选择该命令或者按 Ctrl+F 组合键可对图像再次应用上次使用过的滤镜。

（4）滤镜不能应用于位图模式、索引模式的图像，某些滤镜只对 RGB 模式的图像起作用，如画笔描边滤镜和素描滤镜就不能在 CMYK 模式下使用。

（5）有些滤镜使用时会占用大量的内存，在运行滤镜前可先选择"编辑\清除"命令释放内存。有些滤镜很复杂亦或是要应用滤镜的图像尺

图 5-1 滤镜菜单

寸很大，执行时需要很长时间，如果想结束正在生成的滤镜效果，只需按 Esc 键即可。

图 5-2　"滤镜预览"对话框

5.1.2　预览和应用滤镜

选择了滤镜菜单后，会弹出对话框让用户进行各种参数的设置和预览，这样就可以在应用滤镜之前观察到应用滤镜后的效果，以便调整最佳参数，如图 5-2 所示。

如果在滤镜设置窗口中对自己调节的效果感觉不满意，希望恢复调节前的参数，可以按住 Alt 键，这时"取消"按钮会变为"复位"按钮，单击此按钮就可以将参数重置为调节前的状态。

5.1.3　滤镜库的使用

滤镜库是一个集成了 Photoshop 中绝大部分命令的集合体，它使滤镜的浏览、选择和应用变得直观和简单。它包含了滤镜中大部分比较常用的滤镜，可以在同一个对话框中完成添加多个滤镜操作，其使用方法如下。

（1）选择菜单中的"滤镜 \ 滤镜库"命令，弹出"滤镜库"对话框，如图 5-3 所示。

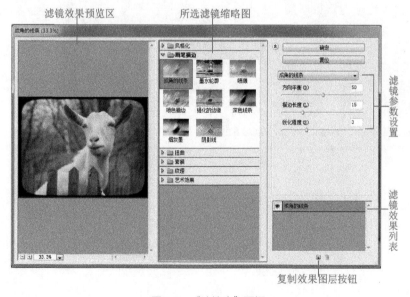

图 5-3　"滤镜库"面板

（2）在滤镜缩略图区域选择一个滤镜效果，单击复制效果图层按钮，再选择一个滤镜效果，此时两个滤镜效果就会同时应用到图像中。

（3）在右下角的滤镜效果列表中，将一个滤镜拖动到另一个滤镜的上方或下方，即可改变滤镜效果的应用顺序。

5.2　液化滤镜

液化滤镜是修饰图像和创建艺术效果的强大工具，该滤镜能够非常灵活地创建推拉、扭曲、旋转、收缩等变形效果，可以用来修改图像的任意区域。

选择"滤镜 \ 液化"命令，弹出如图 5-4 所示的对话框。

工具箱　　　　　　　图像预览与操作窗口　　　　　　　　　　　　　　　　　选项

图 5-4　"液化"滤镜面板

"液化"滤镜调节参数如下所示。

1. 工具箱

（1）"向前变形工具"：在图像上拖动，可以使图像的像素随着涂抹产生变形。

（2）"重建工具"：扭曲预览图像之后，使用重建工具可以完全或部分地恢复更改。

（3）"顺时针旋转扭曲工具"：使图像产生顺时针旋转效果。

（4）"褶皱工具"：使图像向操作中心点处收缩从而产生挤压的效果。

（5）"膨胀工具"：使图像背离操作中心点从而产生膨胀效果。

（6）"左推工具"：移动与描边方向垂直的像素。直接拖移使像素向左移，按住 Alt 键拖移将使像素向右移。

（7）"镜像工具"：将像素拷贝至画笔区域，然后向与拖曳相反的方向复制像素。

（8）"湍流工具"：能平滑地拼凑像素，适合于创建火焰、云彩、波浪等效果。

（9）"冻结蒙版工具"：用此工具拖过的范围被保护，以免被进一步编辑。

（10）"解冻蒙版工具"：解除使用冻结工具所冻结的区域，使其还原为可编辑状态。

（11）"抓手工具"：通过拖动可以显示出未在预览窗口中显示出来的图像。

（12）"缩放工具"：在预览图像中单击或拖动，可以放大预览图；按住 Alt 键在预览图像中单击或拖动，将缩小预览图。

2. 工具选项区

（1）画笔大小：设置使用上述各工具操作时，图像受影响区域的大小。

（2）画笔压力：设置使用上述各工具操作时，一次操作影响图像的程度大小。

（3）湍流抖动：控制"湍流工具"拼凑像素的紧密程度。

（4）光笔压力：此处可以设置在绘图板中涂抹时的压力读数。

【例 5-1】 使用液化滤镜制作"微笑的山羊"。

1. 打开素材中"第 5 章 \ 图 5-1.jpg"图片，使用"滤镜 \ 液化"命令，如图 5-5 所示。

图 5-5 液化

2. 使用工具箱中的"膨胀"工具，使用默认参数，在羊的眼睛处单击，把眼睛放大，如图 5-6 所示。

3. 继续使用"向前变形工具"，在羊的嘴角和嘴巴中间处轻轻拖动，调节出微笑的表情，最终效果如图 5-7 所示。

图 5-6　使用膨胀工具改变眼睛大小

图 5-7　最终效果

5.3　消失点

使用"滤镜 \ 消失点"命令，可以打开"消失点"对话框，在这里可以依据图像透视关系对图像进行复制，修复及变换操作。

【例 5-2】　使用消失点滤镜为建筑物安装窗子。

1. 打开素材中"第 5 章 \ 图 5-8.jpg"图片，选择"滤镜 \ 消失点"命令，弹出"消失点"对话框，如图 5-8 所示。

图 5-8　"消失点"对话框

2. 单击选中"创建平面工具"按钮 后，在需要构建空间平面的四个顶点上分别单击即可创建一个透视矩形（如果矩形为红色，就说明创建的透视矩形有问题，需要用"编辑平面工具"调整矩形的四个顶点），如图 5-9 所示。

图 5-9　透视矩形

3. 打开窗子素材图片，按 Ctrl+A 组合键全选，再按 Ctrl+C 组合键复制，如图 5-10 所示。

4. 重新打开房屋图片，使用"消失点"滤镜，会发现原先创建的空间平面都还在，单击选中第

Photoshop CS5 应用教程

三个工具按钮"选框工具"，然后按 Ctrl+V 组合键进行粘贴，这时会发现窗户被粘贴到画面中，并且处于选中状态，如图 5-11 所示。

图 5-10　窗子素材

图 5-11　放入窗子

5. 用鼠标左键按住窗户并向构建的空间平面中拖动，这时会发现窗户会根据空间平面自动进行视觉变换，如图 5-12 所示。

图 5-12　视觉变换后的效果

6. 单击"变形工具"按钮，适当调整窗户大小使之与背景中的墙面相协调，如图 5-13 所示。

图 5-13　最终效果

5.4　风格化滤镜组

风格化滤镜组中的滤镜主要作用于图像的像素，可以强化图像的色彩边界。通过置换像素和边缘查找增加图像的对比度，最终创造出一种绘画式或印象派的艺术图像效果。

1．查找边缘滤镜

查找边缘滤镜找出图像中有明显过渡的区域并强调边缘，用相对于白色背景的深色线条来勾画图像的边缘，得到图像的大致轮廓。如果先加大图像的对比度，然后再应用此滤镜，则可以得到更多更细致的边缘。

2．等高线滤镜

等高线滤镜类似于查找边缘滤镜的效果，主要作用是勾画图像的色阶范围，查找主要亮度区域的过渡，并对每个颜色通道用细线勾画。

调节参数如下所示。

（1）色阶：用于设置边缘线对应的像素的明暗程度，取值范围为 0 ~ 255。

（2）较低：勾画像素的颜色低于指定色阶的区域。

（3）较高：勾画像素的颜色高于指定色阶的区域。

3．风滤镜

风滤镜通过在图像中色彩相差较大的边界上增加细小的水平短线来模拟风的效果。

调节参数如下所示。

（1）风：细腻的微风效果。

（2）大风：比风效果要强烈得多，图像改变很大。

（3）飓风：最强烈的风效果，图像已发生变形。

（4）从左：风从左面吹来。

（5）从右：风从右面吹来。

4．浮雕效果滤镜

浮雕效果滤镜生成凸出和浮雕的效果，对比度越大的图像浮雕的效果越明显。

调节参数如下所示。

（1）角度：光源照射的方向。

（2）高度：凸出的高度。

（3）数量：颜色数量的百分比，可以突出图像的细节。

5．拼贴滤镜

拼贴滤镜将图像按指定的值分裂为若干个正方形的拼贴图块，并按设置的位移百分比的值进行随机偏移。

调节参数如下所示。

（1）拼贴数：设置行或列中分裂出的最小拼贴块数。

（2）最大位移：贴块偏移其原始位置的最大距离（百分数）。

（3）背景色：用背景色填充拼贴块之间的缝隙。

（4）前景色：用前景色填充拼贴块之间的缝隙。

（5）反选颜色：用原图像的反相色图像填充拼贴块之间的缝隙。

6．凸出滤镜

凸出滤镜将图像分割为指定的三维立方块或棱锥体。此滤镜不能应用在 Lab 模式下。

调节参数如下所示。

（1）块：将图像分解为三维立方块，将用图像填充立方块的正面。

（2）金字塔：将图像分解为类似金字塔形的三棱锥体。

（3）大小：设置块或金字塔的底面尺寸。

（4）深度：控制块突出的深度。

（5）随机：选中此项后使块的深度取随机数。

（6）基于色阶：选中此项后使块的深度随色阶的不同而定。

7．照亮边缘滤镜

照亮边缘滤镜使图像的边缘产生发光效果。此滤镜不能应用在 Lab、CMYK 和灰度模式下。

调节参数如下所示。

（1）边缘宽度：调整被照亮的边缘的宽度。

（2）边缘亮度：控制边缘的亮度值。

（3）平滑度：平滑被照亮的边缘。

如图 5-14 所示为各种风格化滤镜的效果。

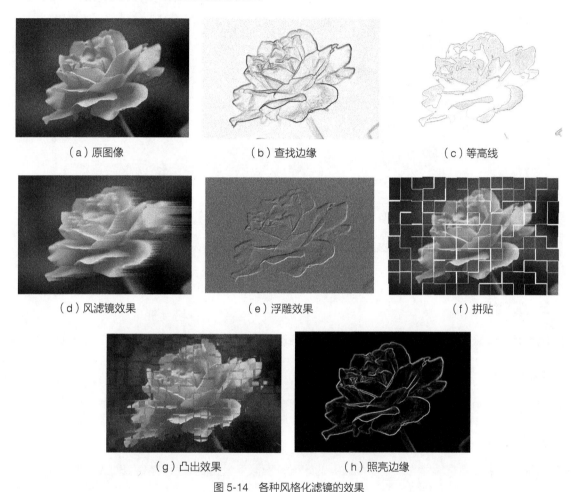

（a）原图像	（b）查找边缘	（c）等高线
（d）风滤镜效果	（e）浮雕效果	（f）拼贴
（g）凸出效果	（h）照亮边缘	

图 5-14　各种风格化滤镜的效果

5.5　画笔描边滤镜组

画笔描边滤镜组中的滤镜主要模拟使用不同的画笔和油墨勾绘图像创造出不同的绘画艺术效果。它们都可以在"滤镜库"中完成。此类滤镜不能应用在 CMYK 和 Lab 模式下。

如图 5-15 所示是"滤镜库"对话框，画笔描边滤镜的所有类型都在对话框的左边预览框中。

1. 成角的线条

成角的线条以两个 45° 角方向的斜线条来表现图像中各种颜色变化，图像中较亮和较暗区域分别用不同方向的线条绘制。

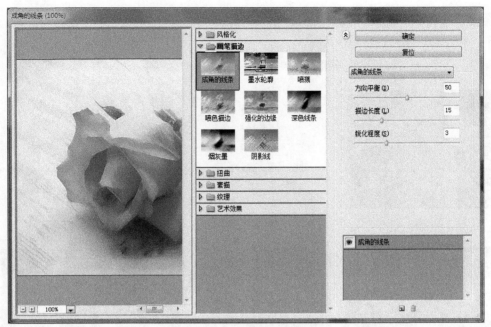

图 5-15　"滤镜库"对话框

2. 阴影线

阴影线保留原图像的细节和特征，使用模拟铅笔阴影线添加纹理，产生交叉的网状线条。

3. 喷溅

喷溅在图像中加入些纹理细节，模拟液体颜料喷溅的效果。

4. 烟灰墨

烟灰墨用来绘制非常黑的柔化模糊边缘的效果，模拟用黑色油墨画笔在宣纸上绘画。

5. 墨水轮廓

墨水轮廓用细线条勾画出颜色的边缘变化，形成钢笔油墨绘画的风格。

6. 喷色描边

喷色描边使用主导色并用成角的、喷溅的颜色线条重新绘制图像，使颜色区域的边界变得粗糙。

7. 强化的边缘

强化的边缘用于强化图像中的边缘。高的边缘亮度类似白色粉笔，低的边缘亮度类似黑色油墨。

8. 深色线条

深色线条用短的、紧绷的线条绘制图像中接近黑色的暗区，用长的白色线条绘制图像中的亮区。

图 5-16 所示为几种画笔描边滤镜的效果。

（a）原图

（b）喷色描边效果

（c）成角的线条效果

（d）烟灰墨效果

（e）阴影线效果

（f）墨水轮廓效果

图 5-16　几种画笔描边滤镜的效果

5.6　模糊滤镜组

　　模糊滤镜组中的滤镜主要是使图像看起来更柔和，降低图像的清晰度，淡化图像中不同色彩的边界，以达到掩盖图像的缺陷或创造出特殊效果的作用。

1. 表面模糊滤镜

　　表面模糊滤镜能够在保留边缘的同时模糊图像，该滤镜可以用来创建特殊效果并消除杂色或颗粒。调节参数如下所示。

　　（1）半径：用来指定模糊取样的大小。

　　（2）阈值：用来控制相邻像素色调值与中心像素值的相差值。

2. 动感模糊滤镜

　　动感模糊滤镜沿着指定的方向以指定的强度模糊图像，形成残影效果，类似于给运动物体拍照。调节参数如下所示。

　　（1）角度：设置模糊的方向。

　　（2）距离：设置动感模糊的强度。

Photoshop CS5 应用教程

3. 方框模糊滤镜

方框模糊滤镜基于相邻像素的平均颜色来模糊图像。

调节参数如下所示。

半径：是指像素平均值的区域大小。

4. 高斯模糊滤镜

高斯模糊滤镜按指定的值快速模糊图像，产生一种朦胧的效果。

调节参数如下所示。

半径：调节模糊半径，范围是 0.1 ~ 250 像素。

高斯模糊滤镜除了可以用来模糊图像，还可以用来修饰图像，当图像中的杂点较多时，应用高斯模糊滤镜处理可以去除杂点，使图像看起来更平滑。

5. 模糊滤镜

模糊滤镜产生轻微模糊效果，可消除图像中的杂色，如果只应用一次效果不明显，可按 Ctrl+F 组合键重复应用。

6. 进一步模糊滤镜

"进一步模糊"产生的模糊效果为"模糊"滤镜效果的 3 ~ 4 倍。

7. 径向模糊滤镜

径向模糊是一种比较特殊的模糊滤镜，它可以将图像围绕一个指定的圆心，沿着圆的半径方向产生模糊效果，模拟移动或旋转的相机产生的模糊，如图 5-17 所示。

（a）原图像

（b）径向模糊对话框

（c）"旋转"模糊方式

（d）"缩放"模糊方式

图 5-17　径向模糊

调节参数如下所示。

（1）数量：控制模糊的强度，范围为 1~100。

（2）旋转：按指定的旋转角度沿着同心圆进行模糊。

（3）缩放：产生从图像的中心点向四周发射的模糊效果。

（4）品质：有三种品质，草图、好、最好，效果从差到好递增。

8. 镜头模糊滤镜

镜头模糊滤镜通过图像的 Alpha 通道或图层蒙版的深度值来映射图像中像素的位置，产生带有镜头景深的模糊效果。

9. 平均

"平均"查找图像的平均颜色，然后以该颜色填充图像。

10. 特殊模糊

特殊模糊提供了半径、阈值和模糊品质等设置选项，可以精确地模糊图像。

调节参数如下所示。

（1）半径：设置模糊的范围。

（2）阈值：设置像素具有多大差异才被模糊。

（3）品质：设置图像的品质。

11. 形状模糊

形状模糊可以使用指定的性质创建特殊的模糊效果。

调节参数如下所示。

（1）半径：设置模糊的取样大小。

（2）形状列表：单击列表中的形状，可以使用该形状模糊图像。

如图 5-18 所示是几种模糊滤镜的效果。

| （a）原图像 | （b）表面模糊效果 | （c）动感模糊效果 |

图 5-18　径向模糊

（d）方框模糊效果　　　　　　（e）高斯模糊效果　　　　　　（f）镜头模糊效果

图 5-18　径向模糊（续）

5.7　扭曲滤镜组

该组滤镜组中的滤镜对图像进行几何扭曲变形，创建三维或其他变形效果。

1. 波浪滤镜

波浪滤镜以不同波长，使图像产生不同形状的波浪扭曲效果。

调节参数对话框如图 5-19 所示。

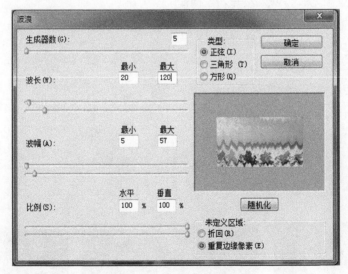

图 5-19　"波浪"对话框

（1）波长：设置波长，取值范围为 1 ~ 999。

（2）类型：设置波的形状，如正弦、三角形和方形。

（3）随机化：每单击一下此按钮都可以为波浪指定一种随机效果。

（4）折回：将变形后超出图像边缘的部分反卷到图像的对边。

（5）重复边缘像素：将图像中因为弯曲变形超出图像的部分分布到图像的边界上。

各种波浪类型滤镜效果如图 5-20 所示。

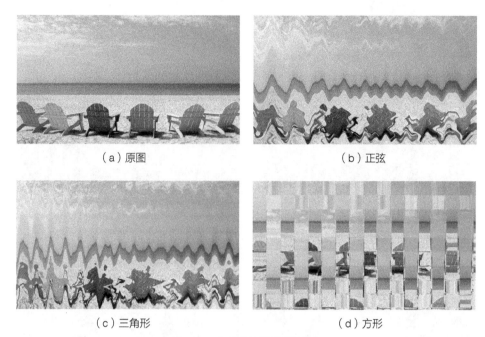

（a）原图	（b）正弦
（c）三角形	（d）方形

图 5-20　各种波浪类型滤镜效果

2.　波纹滤镜

波纹滤镜可以使图像产生类似水池表面的波纹，产生水纹涟漪的效果。

调节参数如下所示。

（1）数量：控制波纹的变形幅度，范围是 -999% ~ 999%。

（2）大小：有大、中和小三种波纹可供选择，如图 5-21 所示。

（a）原图像	（b）波纹效果

图 5-21　波纹滤镜

3.　玻璃滤镜

玻璃滤镜模拟透过各种不同类型的玻璃观看图像的效果，玻璃滤镜示例如图 5-15 所示，从"纹理"下拉列表框中可选择一种纹理效果，Photoshop 提供了"块状"、"画布"、"磨砂"、"小镜头"等四种纹理。各种纹理类型的玻璃滤镜效果如图 5-22 所示。

Photoshop CS5 应用教程

（a）原图像

（b）"块状"纹理效果

（c）"磨砂"纹理效果

（c）"小镜头"纹理效果

图 5-22　玻璃滤镜效果

玻璃滤镜的调节参数如下所示。

（1）扭曲度：控制图像的扭曲程度，范围是 0~20。

（2）平滑度：平滑图像的扭曲效果，范围是 1~15。

（3）纹理：用户可以在"纹理"下拉列表框中选择"磨砂"、"微晶"、"块状"等各种玻璃效果。

（4）缩放：控制纹理的缩放比例。

（5）反相：使图像的暗区和亮区相互转换。

4. 极坐标滤镜

极坐标滤镜可以将图像的坐标从平面坐标转换为极坐标，或从极坐标转换为平面坐标，从而把矩形物体拉弯，圆形物体拉直，如图 5-23 所示。

（a）原图像

（b）平面坐标到极坐标

图 5-23　极坐标滤镜效果

5. 球面化滤镜

球面化滤镜可以使选区中心的图像产生凸出或凹陷的球体效果，类似挤压滤镜的效果。图解效果如图 5-24 所示。

调节参数如下所示。

（1）数量：控制图像变形的强度，正值产生凸出效果，负值产生凹陷效果，范围是 −100%～100%。

（2）正常：在水平和垂直方向上共同变形。

（3）水平优先：只在水平方向上变形。

（4）垂直优先：只在垂直方向上变形。

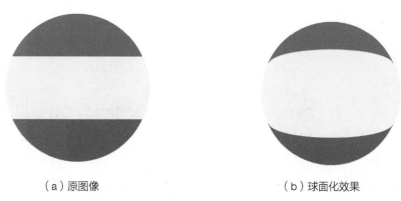

（a）原图像　　　　　　　　　　　（b）球面化效果

图 5-24　球面化滤镜效果

6. 水波滤镜

水波滤镜把图像中所选定的区域扭曲膨胀或变形缩小，使图像产生部分凸起或凹下的三维变化效果。

调节参数如下所示。

（1）数量：波纹的凸凹程度，正值产生向外凸起的效果，负值产生向内凹下的效果，范围为 −100～100。

（2）起伏：控制波纹的密度。

（3）围绕中心：将图像的像素绕中心旋转。

（4）从中心向外：靠近或远离中心置换像素。

（5）水池波纹：将像素置换到中心的左上方和右下方，如图 5-25 所示。

7. 旋转扭曲滤镜

旋转扭曲滤镜可以将图像旋转扭曲，使图像得到螺旋形效果。

（a）原图像　　　　　　　　　　　　（b）水波效果

图 5-25　水波滤镜效果

调节参数如下所示。

角度：调节旋转的角度，正值时图像顺时针旋转，负值时图像逆时针旋转，范围是 −999°～999°。

8. 置换滤镜

置换滤镜可以产生弯曲、碎裂的图像效果。置换滤镜比较特殊的是设置完毕后，还需要选择一个图像文件（必须是 PSD 格式）作为位移图，滤镜根据位移图上的颜色值移动图像像素。

调节参数如下所示。

（1）水平比例：滤镜根据位移图的颜色值将图像的像素在水平方向上移动多少。

（2）垂直比例：滤镜根据位移图的颜色值将图像的像素在垂直方向上移动多少。

（3）伸展以适合：为变换位移图的大小以匹配图像的尺寸。

（4）拼贴：将位移图重复覆盖在图像上。

（5）折回：将图像中未变形的部分反卷到图像的对边。

（6）重复边缘像素：将图像中未变形的部分分布到图像的边界上。

5.8　锐化滤镜组

"锐化"滤镜组中的滤镜，通过增加相邻像素对比度的方法，使聚集模糊的图像，得到一定程度的清晰化。

1. USM 锐化

"USM 锐化"查找图像中颜色发生明显变化的区域，然后将其锐化。

2. 锐化

"锐化"通过增加像素间的对比度使图像变得清晰，锐化效果不是很明显。

3．进一步锐化

"进一步锐化"用来设置图像的聚焦选区并提高其清晰度达到锐化效果。"进一步锐化"比"锐化"滤镜的效果更强烈些。

4．锐化边缘

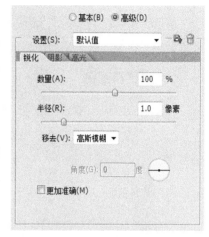

"锐化边缘"和"USM 锐化"滤镜一样，都可以查找图像中颜色发生明显变化的区域，然后将其锐化。"锐化边缘"只锐化图像的边缘，同时保留总体的平滑度。

5．智能锐化

"智能锐化"滤镜具有"USM 锐化"滤镜不具备的锐化控制功能，通过该功能可设置锐化算法，或控制在阴影和高光区域中进行的锐化量。在"智能锐化"对话框中选择"高级"后，进行设置，如图 5-26 所示。

几种锐化滤镜效果如图 5-27 所示。

图 5-26　智能锐化设置

（a）原图

（b）USM 锐化效果

（c）进一步锐化效果

（d）智能锐化效果

图 5-27　几种锐化滤镜的效果

5.9 素描滤镜组

素描滤镜组中的滤镜主要用模拟素描、速写等手工绘画的艺术效果，为图像做些质感的变化。此类滤镜全部都能在"滤镜库"中找到，但不能应用在 CMYK 和 Lab 模式下。

1. 炭精笔滤镜

炭精笔滤镜可以模拟炭精笔的纹理效果。在暗区使用前景色，在亮区使用背景色替换。

可以选择一种纹理，通过缩放和凸显滑块对其进行调节，但只有在凸现值大于零时纹理才会产生效果。

2. 便条纸

"便条纸"结合浮雕、颗粒滤镜使用，使图像产生凹陷暗纹效果。

3. 基底凸显

"基底凸显"生成一种浅浮雕在光照下的效果，较亮区用背景色，较暗区使用前景色。

4. 图章

该滤镜会简化图像，产生类似于图章作画的效果。

5. 水彩画

"水彩画"模拟用水彩作画的效果，颜色沿潮湿的纤维画纸涂抹、渗透。

6. 炭笔

"炭笔"模拟用炭笔绘制素描作品，主要边缘以粗线条描绘，炭笔是用前景色，纸张用背景色。

7. 绘图笔

"绘图笔"使用细的、线状的油墨描边以获取原图像中的细节，多用于对扫描图像进行描边。此滤镜用前景色作为油墨，用背景色作为纸张以替换原图像中的颜色。

8. 塑料效果

"塑料效果"按 3D 塑料效果塑造图像，暗区凸起，亮区凹陷。

图 5-28 所示为几种素描滤镜的效果。

（a）原图

（b）便条纸

（c）绘图笔

（d）基底凸显

（e）水彩画纸

（f）炭精笔

图 5-28　几种素描滤镜的效果

5.10　纹理滤镜组

纹理滤镜组中的滤镜可以为图像加上各种纹路的变化，使图像表面具有浓度感或物质感。此组滤镜不能应用于 CMYK 和 Lab 模式的图像。

1. 龟裂缝滤镜

龟裂缝滤镜类似于将图像绘制在凹凸不平的石膏表面，创建浮雕效果。

调节参数如下所示。

（1）裂缝间距：调节纹理的凹陷部分的尺寸。

（2）裂缝深度：调节凹陷部分的深度。

（3）裂缝亮度：通过改变纹理图像的对比度来影响浮雕的效果。

2. 颗粒滤镜

颗粒滤镜在图像中生成一些不同种类的颗粒变化来增加图像的纹理效果。

调节参数如下所示。

（1）强度：调节纹理的强度。

（2）对比度：调节结果图像的对比度。

（3）颗粒类型：可以选择不同的颗粒。

Photoshop CS5 应用教程

3. 马赛克拼贴滤镜

马赛克拼贴滤镜使图像看起来像绘制在马赛克瓷砖上一样。

调节参数如下所示。

（1）拼贴大小：设置马赛克瓷砖大小，取值范围为 2~100。

（2）缝隙宽度：设置瓷砖间泥浆宽度，取值范围为 1~15。

（3）加亮缝隙：设置瓷砖间缝隙的亮度，取值范围为 0~10。

4. 纹理化滤镜

纹理化滤镜可以对图像直接应用自己选择的纹理。

调节参数如下所示。

（1）纹理：可以从砖形、粗麻布、画布和砂岩中选择一种纹理，也可以载入其他的纹理。

（2）缩放：改变纹理的尺寸。

（3）凸显：调整纹理图像的深度。

（4）光照方向：调整图像的光源方向。

（5）反相：反转纹理表面的亮色和暗色。

5. 拼缀图滤镜

拼缀图滤镜将图像分解为由若干方形图块组成的效果，图块的颜色由该区域的主色决定。

6. 染色玻璃滤镜

染色玻璃滤镜将图像重新绘制成彩块玻璃效果，边框由前景色填充。

调节参数如下所示。

（1）单元格大小：调整单元格的尺寸。

（2）边框粗细：调整边框的尺寸。

（3）光照强度：调整由图像中心向周围衰减的光源亮度。

如图 5-29 所示为各种纹理滤镜的效果。

（a）原图像　　　　　　（b）纹理化效果　　　　　　（c）龟裂缝效果

图 5-29　各种纹理滤镜的效果

  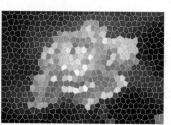

（d）马赛克拼贴　　　　　　（e）拼缀图　　　　　　　（f）染色玻璃

图 5-29　各种纹理滤镜的效果（续）

5.11　像素化滤镜组

像素化滤镜组中的滤镜是将图像以其他形状的元素重新再现出来，它并不真正改变图像像素点的形状，只是将图像分成一定的区域，将这些区域转变为相应的色块，再由色块构成图像，类似于色彩构成的效果。

1．彩块化滤镜

彩块化滤镜使纯色或相近颜色的像素结块成相近颜色的像素块。使用此滤镜能使图像出现类似手绘的效果。该滤镜无对话框设置参数。

2．彩色半调滤镜

彩色半调滤镜模拟在图像的每个通道上使用半调网屏的效果，将一个通道分解为若干个矩形，然后用圆形替换掉矩形，圆形的大小与矩形的亮度成正比。

调节参数如下所示。

（1）最大半径：设置半调网屏的最大半径。

（2）对于灰度图像：只使用通道 1。

（3）对于 RGB 图像：使用通道 1、通道 2 和通道 3，分别对应红色、绿色和蓝色通道。

（4）对于 CMYK 图像：使用所有 4 个通道，分别对应青色、洋红、黄色和黑色通道。

3．点状化滤镜

点状化滤镜将图像分解为随机分布的网点，模拟点状绘画的效果。使用背景色填充网点之间的空白区域。

调节参数如下所示。

单元格大小：调整单元格的尺寸，不要设得过大，否则图像将变得面目全非，范围是 3~300。

4．晶格化滤镜

晶格化滤镜使用多边形纯色结块重新绘制图像。

调节参数如下所示。

单元格大小：调整结块单元格的尺寸，不要设得过大，否则图像将变得面目全非，范围是 3 ~ 300。

5. 碎片滤镜

碎片滤镜将图像创建四个相互偏移的副本，产生类似未聚焦的重影效果。该滤镜无参数设置。

6. 铜版雕刻滤镜

该滤镜使用黑白或颜色完全饱和的网点图案重新绘制图像，使图像产生一种金属板印刷的效果。调节参数如下所示。

类型：分别为精细点、中等点、粒状点、粗网点、短线、中长直线、长线、短描边、中长描边和长边。

如图 5-30 所示为各种像素化滤镜的效果。

（a）原图像

（b）铜版雕刻效果

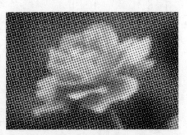
（c）彩色半调效果

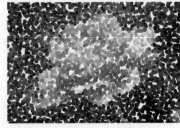
（d）点状化效果

（e）晶格化效果

（f）碎片滤镜效果

图 5-30　像素化滤镜

5.12　渲染滤镜组

渲染滤镜组中的滤镜主要功能为图像着色或加入些光景的变化，产生三维映射云彩图像、折射图像和模拟光线反射。

1. 光照效果滤镜

光照效果滤镜的功能非常强大，可以通过改变 17 种光照方式、3 种光照类型和 4 套光照属性，在图像上产生无数种光照效果。还可以使用灰度文件的纹理产生类似 3D 的效果，并可存储自己的样式提供给其他图像使用。

　　光照效果滤镜的对话框如图 5-31 所示，可分为左右两个部分。左边为预览框，同时又是灯光设置区，既可以预览灯光照射效果，又可以添加光源和设置灯光照射范围、聚集位置、照射方向和距离。右边为样式和灯光属性设置区，设置灯光的类型、强度、聚焦等属性。

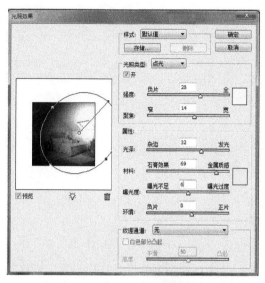

（a）"光照效果"对话框

（b）原图像

（c）光照效果

图 5-31 "光照效果"对话框

　　光照效果滤镜的对话框参数值的设置如下。

　　（1）灯光类型有点光、平行光和全光源三种类型

　　点光：当光源的照射范围框为椭圆形时，为斜射状态，投射下椭圆形的光圈；当光源的照射范围框为圆形时，为直射状态，效果与全光源相同。

　　平行光：均匀地照射整个图像，此类型灯光无聚焦选项。

　　全光源：光源为直射状态，投射下圆形光圈。

（2）灯光的强度、聚集和颜色属性

强度：调节灯光的亮度，若为负值则产生吸光效果。

聚焦：调节灯光的衰减范围。

属性：每种灯光都有光泽、材料、曝光度和环境四种属性。通过单击窗口右侧的两个色块可以设置光照颜色和环境色。

（3）增加光源

如果要在场景中增加光源，只需拖动预览框下方的💡图标至预览框内，每拖动一次，可增加一盏灯。若要删除，只要在选择该灯后，按 Delete 键即可。

（4）材料的反光属性

在现实生活中，不同材质的物体，它们的反光特性是不一样的。例如塑料的反光强度就没有金属的反光强度大。在此设置反光属性，就是模拟这些材质的反光效果。

光泽：设置反光物体的光滑程度，取值越大，反光越强烈。

材质：设置反光的材质特性。

曝光度：设置图像的受光程度。

环境：设置环境光的影响。单击在其右侧的颜色块可设置环境光的颜色，向左拖动环境滑块，环境光变暗，向右拖动，则环境光变亮。

2. 镜头光晕滤镜

镜头光晕滤镜模拟亮光照射到相机镜头所产生的光晕效果。通过单击图像缩览图来改变光晕中心的位置，此滤镜不能应用于灰度、CMYK 和 Lab 模式的图像，如图 5-32 所示。

（a）原图 　　　　　　　　　　　　　　　（b）光晕效果

图 5-32 "镜头光晕"对话框和滤镜效果

5.13　艺术效果滤镜组

"艺术效果"滤镜组中的滤镜可以隐藏计算机加工的痕迹，模仿自然或传统介质效果，使图像看起来更贴近人工绘画或艺术效果。

1．"壁画"滤镜

"壁画"滤镜使用短而圆的、粗略涂抹的小块颜料，以一种粗糙的风格绘制图像，使图像呈现一种古壁画的效果。

2．"彩色铅笔"滤镜

"彩色铅笔"滤镜可以创造彩色铅笔在纯色背景上绘制图像的效果。

3．"粗糙蜡笔"滤镜

"粗糙蜡笔"滤镜可以创建具有彩色粉笔纹理的图案效果。

4．"底纹效果"滤镜

"底纹效果"滤镜可以制作纹理背景的效果。

5．"调色刀"滤镜

"调色刀"滤镜可以减少图像中的细节，以产生清晰的画布效果，并显示出图像下层的纹理。

6．"干画笔"滤镜

"干画笔"滤镜可以绘制图像边缘，它通过将图像的颜色范围减少为常用的颜色范围来简化图像。

7．"海报边缘"滤镜

"海报边缘"滤镜通过减少图像的颜色数目并在边缘部分添加黑色来表现海报的效果。

8．"海绵"滤镜

"海绵"滤镜可以创建对比颜色的强纹理图像，有湿润渗透图像的效果。

9．"绘画涂抹"滤镜

"绘画涂抹"滤镜可以创建用某种画笔锐化图像的效果。

10．"胶片颗粒"滤镜

"胶片颗粒"滤镜可以在图像的暗色调和中间色调间使用均匀的图案，将一种更平滑、饱和度更高的图案添加到图像的高亮区。

11．"木刻"滤镜

"木刻"滤镜是将图像描绘成好像是由粗糙剪下的彩色纸片组成的效果。高对比度的图像看起来呈剪影状，而彩色图像看上去是由几层彩纸组成的。

12. "霓虹灯光"滤镜

"霓虹灯光"滤镜可以对图像中的对像添加不同颜色的发光效果，并使用前景色填充图像中的整体基调。

13. "水彩"滤镜

"水彩"滤镜可以制作水彩风格的图像。

14. "塑料包装"滤镜

"塑料包装"滤镜可以使图像外面有包裹一层塑料的效果。

15. "涂抹棒"滤镜

"涂抹棒"滤镜可以柔和图像的暗部区域，增强图像的亮部区域。

如图 5-33 所示为几种艺术效果滤镜的效果。

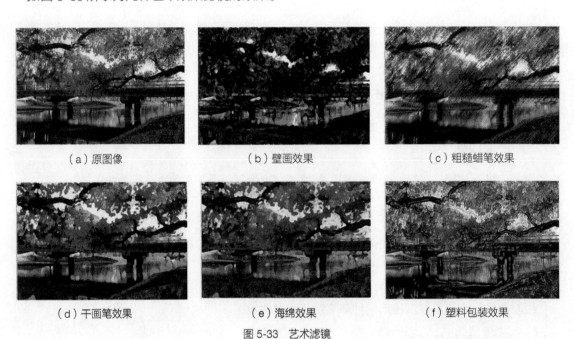

（a）原图像	（b）壁画效果	（c）粗糙蜡笔效果
（d）干画笔效果	（e）海绵效果	（f）塑料包装效果

图 5-33 艺术滤镜

课后习题

1. 使用 Photoshop 滤镜打造火焰字特效。

（1）新建一个文件，颜色模式为"灰度"，如图 5-34 所示。

（2）背景层填充为黑色，使用文字工具输入"火焰字"，文字颜色为白色，如图 5-35 所示。

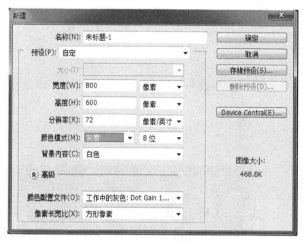

图 5-34　新建文件

图 5-35　输入文字

（3）按住 Ctrl 键单击文字层，载入选区，然后保存选区，如图 5-36 所示。

（4）按 Ctrl+D 组合键取消选择，将画布顺时针旋转 90°，如图 5-37 所示。

图 5-36　保存选区

图 5-37　旋转画布

（5）使用"滤镜\风格化\风"命令，选择"风"、"从左"，然后单击"确定"按钮。效果不好可以按 Ctrl+F 组合键，用相同的参数再做 3～4 次，如图 5-38 所示。

（6）将图像逆时针旋转 90°，载入刚刚保存的选区，如图 5-39 所示。

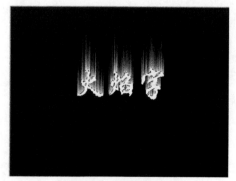

图 5-38　使用风滤镜

图 5-39　载入选区

Photoshop CS5 应用教程

（7）按 Ctrl+Shift+I 组合键反选，使用"扭曲 \ 波纹"滤镜，对话框中设置数量为 65%，波纹大小设置为"大"，如图 5-40 所示。

（8）执行"图像 \ 模式 \ 索引"命令，将图像模式更改为索引模式，继续执行"图像 \ 模式 \ 颜色表"，在弹出的对话框中选择"黑体"，最后执行"图像 \ 模式 \RGB 颜色"命令，将图像改为 RGB 图像，到此，火焰字制作完成，最终效果如图 5-41 所示。

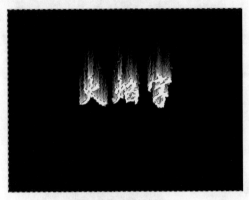

图 5-40　波纹滤镜

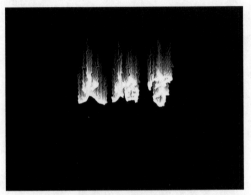

图 5-41　最终效果

2.　使用 Photoshop 滤镜打造炫目的花朵。

（1）新建文件，填充黑白渐变色，如图 5-42 所示。

（2）执行"滤镜 \ 扭曲 \ 波浪"，如图 5-43 所示。

图 5-42　渐变色填充

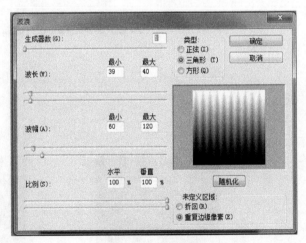

图 5-43　波浪滤镜

（3）执行"滤镜 \ 扭曲 \ 极坐标"，如图 5-44 所示。

（4）执行"滤镜 \ 素描 \ 铬黄"，如图 5-45 所示。

（5）新建图层，填充渐变色，图层混合模式改为"颜色"。最终效果如图 5-46 所示。

图 5-44　波纹滤镜

图 5-45　铬黄滤镜

图 5-46　最终效果

第6章 色彩的编辑与应用

色彩是通过眼、脑和我们的生活经验所产生的一种对光的视觉效应。在平面设计中，色彩可以增强图像的视觉效果，作用十分重要。色彩调整主要解决三个方面的问题：色相、饱和度和亮度。本章主要从这三个方面介绍色彩调整的方法。

6.1 直方图

直方图可以帮助了解图像的明暗分布状况。选择"窗口"\"直方图"命令，可以打开直方图面板，如图 6-1 所示。

利用直方图可以准确地了解整幅图的亮度、对比度等信息。直方图的横轴表示色阶，从左到右表示从暗色值（0）到亮色值（255）之间的 256 个亮度等级；纵轴表示像素的数量。一幅质量较好的图像，直方图的分布情况应该是比较均匀的。如果色阶的峰值分布偏向左边，则图像偏暗，反之图像偏亮；如果峰值分布在中间，则是图像的对比度不够明显，图像偏灰。

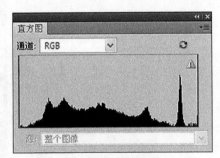

图 6-1 直方图面板

6.2 亮度／对比度的调整

6.2.1 色阶命令

"色阶"命令可以校正图像的色调范围和颜色平衡。如果图像偏暗、偏亮或是对比不够明显时，可以使用"色阶"命令来调整。使用"图像"\"调整"\"色阶"命令，快捷键为 Ctrl+L，打开"色阶"对话框，如图 6-2 所示。

其中各项含义如下。

1. 通道

"通道"用来选择调整色阶的通道。如果对某一通道进行调整色阶，可以改变图像的色调。

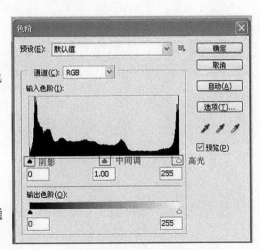

图 6-2 "色阶"对话框

2. 输入色阶

输入色阶一共有三个滑块，分别表示图像中的阴影、中间调和高光的部分。

左面的黑色滑块向右滑动，相应的文本框中的数值变大，表示把图像中亮度值小于该数值的所有像素都变成黑色，图像效果变暗；右面的高光滑块向左滑动，相应的文本框中的数值变小，表示把图像中的亮度值大于该数值的所有像素都变成白色，图像效果变亮；中间调滑块可以增加图像中的中间色调，小于该数值的中间调暗，大于该数值的中间调亮。

3. 输出色阶

输出色阶用来控制图像输出的亮度范围，左边的暗部滑块向右滑动可以使图像变亮，右边的亮部滑块向左移可以使图像变暗。

4. 自动

单击"自动"按钮可以将暗部和亮部自动调整到最暗和最亮。

5. 复位

在调整过程中如果对效果不满意，希望回到图像的初始状态下重新调整，可以按住"Alt"键，这时"取消"按钮会变成"复位"。

【例 6-1】　利用色阶调整图像亮度 / 对比度。

图 6-3　原图　　　　　　　　　　　　　　　　图 6-4　效果图

（1）打开素材中"第 6 章 \6-3.jpg"文件，如图 6-3 所示，调整后的效果如图 6-4 所示。原图由于光线太暗，整幅图看起来不清楚，从直方图来分析，如图 6-5 所示，亮部信息非常少，要增加亮部，下面通过色阶命令给图像增加亮部信息。

（2）选择"图像"\"调整"\"色阶"命令，快捷键为 Ctrl+L，打开"色阶"对话框，在色阶命令中，将白色滑块向左移动，将灰色滑块也稍向左移动，如图 6-6 所示。

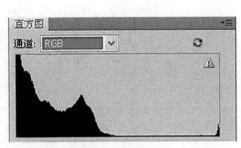

图 6-5　直方图

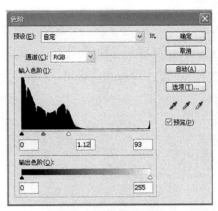

图 6-6　调整的色阶

6.2.2　"曲线"命令

"曲线"命令和"色阶"命令的功能相似，但曲线可以多点控制，更加细致地调整图像。使用"图像"\"调整"\"曲线"命令，快捷键为 Ctrl+M，打开"曲线"对话框，如图 6-7 所示。

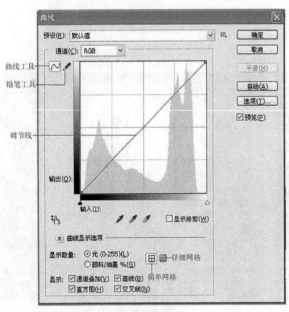

图 6-7　"曲线"对话框

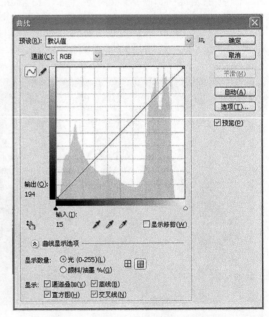

图 6-8　"曲线"对话框中的详细网格

1．曲线工具

曲线工具用于设置曲线的走向，可以使用鼠标在曲线上单击并拖动，可以添加多个节点，如果要删除节点，只要把节点拖动到曲线外。曲线横坐标是原来的亮度，纵坐标是调整后的高度。若将曲线上的点向上拉，它的纵坐标就大于横坐标了，即调整后的亮度大于调整前的亮度，图像变亮，反之将曲线上的点向下拉，调整后的亮度小于调整前的亮度，图像变暗。如果将曲线暗部向下拉，亮度向上拉，形成 S 形曲线，可使暗部更暗，亮部更亮，增加图像的对比度。

2. 铅笔工具

铅笔工具可以随意在直方图内绘制曲线。使用铅笔工具很难得到光滑的曲线，此时单击"平滑"按钮，使曲线自动变为平滑。选择曲线工具后又可以回到节点编辑方式，曲线形状保持不变。

3. 简单网格 / 详细网格

分别在两个按钮上单击可以在直方图中显示不同大小的网格，简单网格是指以 25% 的增量显示网格线，详细网格是指以 10 的增量显示网格线，可以按住 Alt 键在网格区单击进行切换，详细网格如图 6-8 所示。

【例 6-2】 利用曲线调整图像。

图 6-9 原图

图 6-10 效果图

（1）打开素材中"第 6 章 \6-9.jpg"，图像如图 6-9 所示，调整后的效果图如图 6-10 所示。通过直方图可以看出，图像亮部信息和暗部信息均没有，属于对比度不明显的图像。

（2）使用"图像"\"调整"\"曲线"命令，快捷键为 Ctrl+M，打开"曲线"面板。

（3）提高照片的亮部，在曲线右上部单击添加一个调整点，向上拉动曲线；增加照片的暗部，在曲线左下部单击添加一个调整点，向下拉动曲线。这样即增加亮部，又增加暗部，可以增加图片的对比度，如图 6-11 和图 6-12 所示。

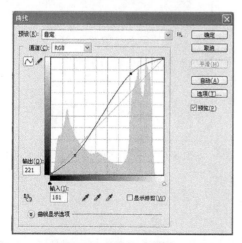

图 6-11 调整的"曲线"

图 6-12 增加对比度的效果

（4）进行调整后图像的对比度增加了，图像看起来更清晰，但图中马看起来比较旧，树不够绿，接下来用曲线再进行调整，让马的金色和树的绿色更明显。

（5）再次按 Ctrl+M 组合键，打开"曲线"面板，选择绿通道，将调节线向上拖曳，如图 6-13 所示。在单色通道中将曲线向上拉表示增加这种颜色，反之表示减少这种颜色。再切换到红通道下，将调节线向上拖动，增加红色，如图 6-14 所示。

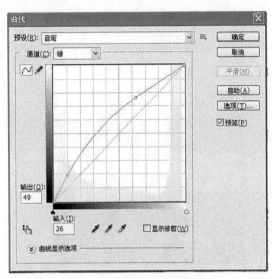
图 6-13　调整后的"绿通道"

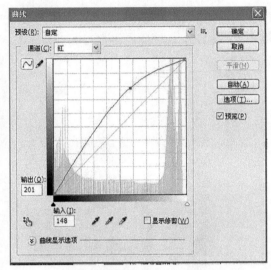
图 6-14　调整后的"红通道"

（6）调整后图像如图 6-15 所示。可以看出树变绿了，马也呈现金黄色，但天空变白了，最后使用历史记录画笔，将历史记录恢复到开始的位置，如图 6-16 所示。用历史记录画笔在天空的部分涂抹使其恢复到初始状态。

（7）最终效果如图 6-10 所示。

图 6-15　增加绿色和红色

图 6-16　历史记录面板

6.2.3　亮度/对比度命令

使用"图像"\"调整"\"亮度/对比度"命令打开"亮度/对比度"对话框。"亮度/对比度"

命令可以调整图像的明暗关系。该命令会对图像每个像素都进行调整，所以会导致图像细节的丢失，如图 6-17 所示。

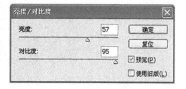

图 6-17 亮度 / 对比度调整效果

6.3 色彩调整

色彩调整可以解决图像的偏色、饱和度不足或过多、色相等问题。对图像进行色调调整后，就可以进行色彩的调整了。

6.3.1 色相 / 饱和度

"色相 / 饱和度"命令是调整颜色过程中一条非常有用的命令。使用"色相 / 饱和度"命令可以调整整个图像或是图像中某一种颜色的色相、饱和度和明度。使用"图像"\"调整"\"色相 / 饱和度"命令打开"色相 / 饱和度"对话框，如图 6-18 所示。快捷键为 Ctrl+U。

1. 编辑

"编辑"用来设置调整的颜色范围，单击右边下拉菜单弹出列表，如图 6-19 所示。"全图"指对图像中所有颜色进行调整，单一的颜色指仅对该颜色进行调整。

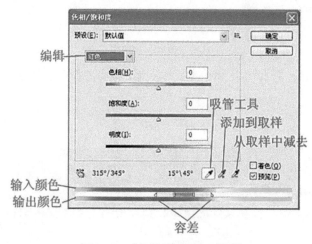

图 6-18 "色相 / 饱和度"对话框   图 6-19 "编辑"下拉列表

2. 色相

色相指的是颜色,即红色、黄色、绿色、青色、蓝色、洋红。示例如图 6-20 所示。

（a）原图

（b）色相调整为 -128 的效果

（c）色相调整为 +102 的效果

图 6-20　色相调整效果

3. 饱和度

饱和度指一种颜色的纯度,饱和度越大,颜色纯度越高,反之颜色纯度越低。

4. 明度

明度指颜色的明暗程度。

5. 着色

勾选"着色"后,会将彩色图像自动转换成单一色调的图像。如果前景色是黑色或白色,图像转成红色色相,否则图像转成当前前景色色相。

6. 吸管工具

编辑中的颜色不能包括所有颜色,因此可以用吸管工具吸取图像中的颜色。要使用吸管工具,一定要先在编辑下选中某一种颜色。

7. 容差

容差表示输入颜色范围。

【例 6-3】　将图 6-21 中的玫瑰花换颜色。

前面的例子是对全图进行色相调整,但在实际应用中,只需要将图中的局部进行调整,要如何处理?

（1）打开素材中"第 6 章 \6-21.jpg"，图像如图 6-21 所示，调整后的效果图如图 6-22 所示。选择"图像"\"调整"\"色相 / 饱和度"命令打开"色相 / 饱和度"对话框，快捷键为 Ctrl+U。

图 6-21　原图

图 6-22　效果图

（2）在"编辑"处任意选择一种颜色，比如选黄色，可以看到下面的吸管工具被激活，用吸管在图中需要变颜色的地方点一下，这时"编辑"中的黄色变成"红色 2"，调整色相，如图 6-23 所示，效果如图 6-22 所示。

6.3.2　色彩平衡

"色彩平衡"命令可以分别对图像中的阴影、中间调、高光进行调整，从而改变图像的色调。该命令既可以对偏色图像进行颜色较正，也可以调整出某一色调的图像。

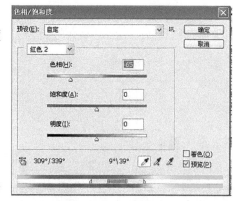

图 6-23　"色相 / 饱和度"对话框

使用"图像"\"调整"\"色彩平衡"命令打开色彩平衡对话框，如图 6-24 所示，快捷键为 Ctrl+B。

在对话框中一共有三对互补色，分别是青色和红色，洋红和绿色，黄色和蓝色。在色彩平衡的调整中，如果要增加某种颜色，就把滑块向该方向拖动，如果要减少某种颜色，则把滑块向这种颜色的相反方向滑动。勾选"保持明度"选项，可以在调整色彩平衡时保持图像亮度不变。

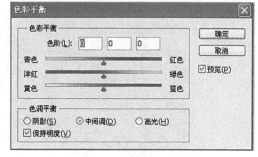

图 6-24　"色彩平衡"对话框

【例 6-4】　对偏黄的图片进行调整。

（1）打开素材中"第 6 章 \ 图 6-25.jpg"，如图 6-25 所示，调整后的效果图如图 6-26 所示。使用"图像"\"调整"\"色彩平衡"命令打开"色彩平衡"对话框，快捷键 Ctrl+B。

（2）移动色彩平衡中的滑块，如图 6-27 所示。

图 6-25　原图

图 6-26　效果图

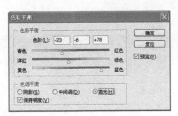 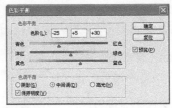 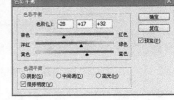

图 6-27　"色彩平衡"对话框

6.3.3　替换颜色

　　"替换颜色"是"色彩范围"和"色相/饱和度"的综合命令。该命令通过"色彩范围"把图像中要换颜色的部分选中，再用"色相/饱和度"来改变颜色。使用"图像"\"调整"\"替换颜色"命令，打开"替换颜色"对话框。

　　【例6-5】　将图6-28（a）中的绿叶变成红色。

　　打开素材中"第6章\图6-28.jpg"，使用"图像"\"调整"\"替换颜色"命令打开"替换颜色"对话框，按照图6-28（c）所示进行设置，最终效果如图6-28（b）所示。

（a）原图　　　　　　　　（b）效果图　　　　　（c）"替换颜色"对话框

图 6-28　替换颜色效果

6.3.4 变化

在图像调整时，如果不知道使用什么颜色图像效果会更好，就可以使用"变化"命令。使用"变化"命令可以非常直观地调整图像或选区的色彩平衡、对比度和饱和度。使用"图像"\"调整"\"变化"命令打开"变化"对话框，如图 6-29 所示。

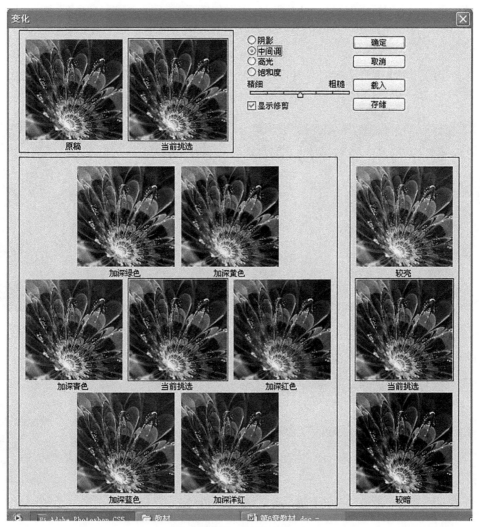

图 6-29 变化对话框

1. 对比区

"对比区"用来查看调整前后的对比效果。

2. 颜色调整区

"颜色调整区"通过单击缩略图调整颜色。

3. 明暗调整区

"明暗调整区"调整图像明暗。

4. 调整范围

"调整范围"用来设置图像被调整的固定区域。包括阴影、中间色调、高光、饱和度。

5. 精细 / 粗糙

"精细 / 粗糙"用来控制每次调整图像的幅度，滑块每移动一格可使调整数量双倍增加。

【例 6-6】 使用"变化"命令把图 6-30 中的绿色西红柿变成红色。

图 6-30　原图

图 6-31　效果图

（1）打开素材中"第 6 章 /6-30.jpg"，如图 6-30 所示，调整后的效果如图 6-31 所示。用选区工具将图中的三个绿色西红柿选出来。

（2）按快捷键 Shift+F6 打开"羽化"命令，设置 4 个像素的羽化值。羽化的目的是让选区的边缘比较柔和，如图 6-32 所示。

（3）使用"图像"\"调整"\"变化"命令打开"变化"对话框。在需要添加的颜色上单击。最终效果如图 6-31 所示。

图 6-32　"羽化选区"对话框

6.4　制作黑白照片的方法

6.4.1　灰度

一般 Photoshop 处理的图像都是 RGB 模式的，可以直接将 RGB 模式的图像转换为"灰度"模式的图像。使用"图像"\"模式"\"灰度"命令。原图如图 6-33 所示，效果如图 6-34 所示。

图 6-33　原图

图 6-34　灰度效果图

6.4.2　去色

使用"图像"\"调整"\"去色"命令。快捷键为 Ctrl+Shift+U。效果如图 6-35 所示。

6.4.3　黑白

使用"图像"\"调整"\"黑白"命令。效果如图 6-36 所示。

图 6-35　去色

图 6-36　黑白

　　尽管使用这三种方法得到的黑白照片效果相差并不多，但"黑白"命令可以进行细节调整，因此这种方法调整出来的黑白照片品质较好，如图 6-37 所示。如果勾选"色调"，可以做出单色调照片，如图 6-38 所示。

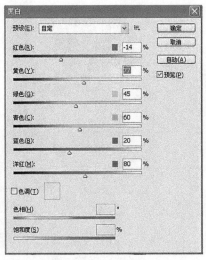

图 6-37　黑白对话框

图 6-38　单色调照片

6.4.4　阈值

使用"图像"\"调整"\"阈值"命令也可以做出黑白照片，但是与前三种效果不同的是，阈值做出的是只有黑白两色的照片。

从图 6-39 上来看，直接执行阈值命令得到的效果并不好，可以通过以下方法得到效果较好的黑白线稿。

（1）执行"滤镜"\"其它"\"高反差保留"命令。参数使用默认即可。

（2）执行"图像"\"模式"\"阈值"命令。效果如图 6-40 所示。

图 6-39　阈值效果 1

图 6-40　阈值效果 2

6.5　其他调整

6.5.1　匹配颜色

使用"匹配颜色"命令可以匹配不同的图像、多个图层或多个选区之间的颜色。使用"图像"\"调整"\"匹配颜色"命令打开"匹配颜色"对话框，如图 6-41 所示。

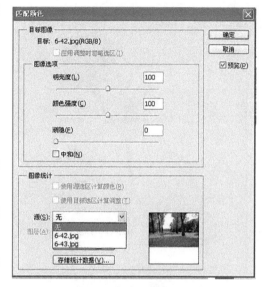

1. 目标图像

"目标图像"指当前打开的工作图像。

2. 图像选项

明亮度：控制当前目标图像的明暗度。数值为 100 时原图亮度不变；数值变小时图像变暗，反之变亮。

颜色强度：控制当前目标图像的饱和度，数值越大饱和度越大。

渐隐：控制当前目标图像的调整强度，数值越大调整的强度越小。

中和：勾选该复选框可以消除图像中的偏色。

图 6-41　"匹配颜色"对话框

3. 图像统计

源：选择与之相匹配的源图像。

图层：用来匹配的图层。

【例 6-7】　将图 6-42 匹配图 6-43 的色彩效果。

图 6-42　原图

图 6-43　匹配源

图 6-44　效果图

（1）打开素材中"第 6 章 / 图 6-42.jpg"，使用"图像"\"调整"\"匹配颜色"命令打开"匹配颜色"对话框，如图 6-41 所示。

（2）单击"源"的下拉菜单，选中图 6-43.jpg，最终效果如图 6-44 所示。

Photoshop CS5 应用教程

6.5.2　反相

"反相"命令可以将正片转换成负片，产生底片效果。原理是通道中每个像素的亮度值都转换为 256 刻度上的相反的值。使用"图像"\"模式"\"反相"命令可以直接执行。快捷键为 Ctrl+I。原图如图 6-45 所示，效果如图 6-46 所示。

图 6-45　原图

图 6-46　效果图

6.6　通道抠图

在给图像做选区时，有一类图像用前面学习过的方法如套索、魔棒等工具都不能很好地完成选区，这一类图像包括毛发、半透明的物体如玻璃杯等，这时需要一种其他的选区的方法，可以使用通道抠图的方法。

【例 6-8】　将图 6-47 中的狗选出并换背景，实现图 6-48 所示效果。

图 6-47　原图

图 6-48　效果图

（1）打开素材中"第 6 章 \6-47.jpg"，打开通道面板，观察红、绿、蓝三个通道，选出狗的毛发与背景颜色反差最大的通道，蓝通道的颜色反差最大。

（2）选中蓝通道，将蓝通道拖动到"新建" 🔲 按钮上，复制蓝通道，得到"蓝副本"。

（3）使用快捷键 Ctrl+L，打开色阶对话框，增加狗的毛发与背景的对比，如图 6-49 所示。

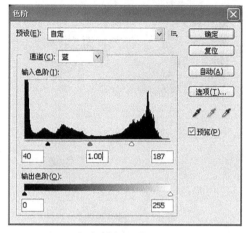

（a）色阶对话框　　　　　　　　　　（b）执行"色阶"命令效果

图 6-49

（4）设置前景色为黑色，选择画笔工具 🖌️，把背景全都涂成黑色，把狗的部分全都涂成白色，如图 6-50 所示。

图 6-50　用画笔涂抹效果　　　　　　　　图 6-51　载入选区

（5）按住 Ctrl 键单击"蓝副本"通道的缩略图，载入选区，单击 RGB 复合通道返回图层面板，按 Ctrl+C 组合键复制得到的选区。

（6）打开图 6-51，按 Ctrl+V 组合键把复制的狗的图案粘贴到图 6-51.jpg 中。效果如图 6-48 所示。

课后习题

1. 打开图 6-52，将偏暗的图调亮，效果如图 6-53 所示。

图 6-52　原图

图 6-53　效果图

2. 将偏蓝的图片较正颜色。原图如图 6-54 所示，效果如图 6-55 所示。

图 6-54　原图

图 6-55　效果图

3. 将图 6-56 中的黄色的花变成红色，并将不需要变颜色的地方擦掉。效果如图 6-57 所示。

图 6-56　原图

图 6-57　效果图

4. 色调与色彩练习。打开图 6-58，通过色阶、曲线等，将图中草地的部分变亮，天空的部分变暗。效果如图 6-59 所示。

图 6-58　原图

图 6-59　效果图

第 7 章　图层

图层是 Photoshop 图像处理软件最大的特色之一，所有的图像编辑操作都是通过图层完成的。第 2 章介绍了图层的基础知识与操作，本章将重点介绍利用图层对图像进行合成与编辑等高级操作技巧。

7.1　图层的应用

7.1.1　图层的排列顺序

"图层"面板中图层的排列顺序直接关系到图像的显示效果，从上到下的顺序显示的是从前到后的排列效果，因此为图层排序也是一个重要的基本操作。Photoshop 提供了两种调整图层顺序的方法。

1．鼠标直接拖拽

在图层面板中，使用鼠标可以很轻松地将图层移至所需的位置。在图层面板中，选择要调整位置的图层，按住鼠标左键，拖拽到相应的位置，松开鼠标即可。

2．排列命令调整

可以对当前层执行"图层 > 排列"命令，在该子菜单中选择相应的命令调整叠放顺序，如图 7-1 所示。

置为顶层：将所选图层调整到最顶层。

前移一层：将所选图层向上移动一层。

后移一层：将所选图层向下移动一层。

置为底层：将所选图层调整到最底层。

图 7-1　排列菜单

反向：在图层面板中选择多个图层，执行该命令可以反转所选图层的排列顺序。

【例 7-1】　使用图层排列顺序合成图像。

（1）分别打开花束和花瓶两个文件，如图 7-2 和图 7-3 所示。在这个实例中要将花束放进花瓶内。

（2）用魔术棒工具选择花束的背景，按 Ctrl+Shift+I 组合键反向选取，选中花束，如图 7-4 所示。

（3）将花束粘贴到花瓶图片内，按 Ctrl+T 组合键，将花束变形，调整大小和位置，如图 7-5 所示。

图 7-2 花束

图 7-3 花瓶

图 7-4 选中花束

图 7-5 对花束进行变形

（4）单击"图层 1"缩略图前的眼睛图标 将"图层 1"隐藏。使用磁性套索工具 将花瓶前半边选出来，如图 7-6 所示。

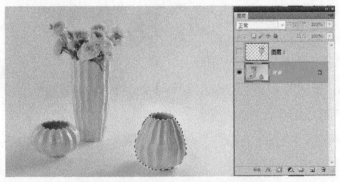

图 7-6 使用磁性套索选中花瓶的前半部

（5）按 Ctrl+J 组合键将选取的图像复制到新层，系统自动命名为"图层 2"。单击"图层 1"

缩略图前的眼睛图标 显示"图层1",如图7-7所示。

图 7-7 复制到新层的"图层 2"

(6)用鼠标左键按住"图层2"向"图层1"上方拖动,调换两层的上下次序,从而达到把花束放进花瓶内的效果,如图7-8所示。

图 7-8 调整图层顺序

7.1.2 图层的应用

图层的复制除了第2章的编辑操作外,Photoshop还在"图层\新建"菜单项中提供了"通过拷贝的图层"和"通过剪切的图层"命令功能,如图7-9所示。

使用"通过拷贝的图层"命令,可以将选中范围的图像复制后粘贴到新的图层中去,并按新的图层顺序命名。此命令的快捷键为Ctrl+J。

使用"通过剪切的图层"命令,可以将选中范围的图像剪切后粘贴到新的图层中,并按新的图层顺序命名。此命令的快捷键为Ctrl+Shift+J。

图 7-9 "图层\新建"菜单项

【例7-2】 使用"通过拷贝的图层"制作影子的效果。

(1)打开素材图片,如图7-10所示。

Photoshop CS5 应用教程

（2）使用磁性套索工具将图像中的儿童选中，然后按 Ctrl+J 组合键将儿童复制到新图层，如图 7-11 所示。

图 7-10　原图

图 7-11　复制儿童到新图层

（3）再按一次 Ctrl+J 组合键，再复制一个儿童。然后选中图层 1，如图 7-12 所示。

（4）将图层 1 中的儿童进行变形，如图 7-13 所示。

图 7-12　再次复制

图 7-13　将图层 1 中的儿童变形

（5）按住 Ctrl 键，单击图层面板中图层 1 的缩略图，将变形后的儿童选中，使用黑色填充选区，如图 7-14 所示。

（6）修改图层 1 的混合模式为"柔光"，最终效果如图 7-15 所示。

图 7-14　将变形后的儿童填充黑色

图 7-15　最终效果

7.2　图层的混合效果

7.2.1　图层的不透明度

图层一个很重要的特性就是可以设定不透明度。降低不透明度后图层中的像素会呈现出半透明的效果，这有利于进行图层之间的混合处理。在图层面板中有两个控制图层不透明度的选项："不透明度"和"填充"，如图 7-16 所示。图层的不透明度可以被应用于普通图层、形状图层、文字图层，但不能应用于背景图层。

图 7-16　图层面板

不透明度：用于控制图层、图层组中像素和形状的不透明度，对图像和图层样式都起作用。

填充：只影响图层中像素和形状的不透明度，而对图层样式不起作用。

不透明度和填充的差别如图 7-17 所示。

（a）原图

（b）调整不透明度后的效果

（c）调整填充后的效果

图 7-17　不透明度和填充的差别

7.2.2　图层的混合模式

图层混合模式是将当前一个像素的颜色与它正下方的每个像素的颜色相混合，以便生成一个新

Photoshop CS5 应用教程

的颜色。它决定了像素的混合方式，可用于创建各种特殊效果，但不会对原图像造成破坏。在图层面板中单击图层混合模式下拉列表后，显示如图 7-18 所示。

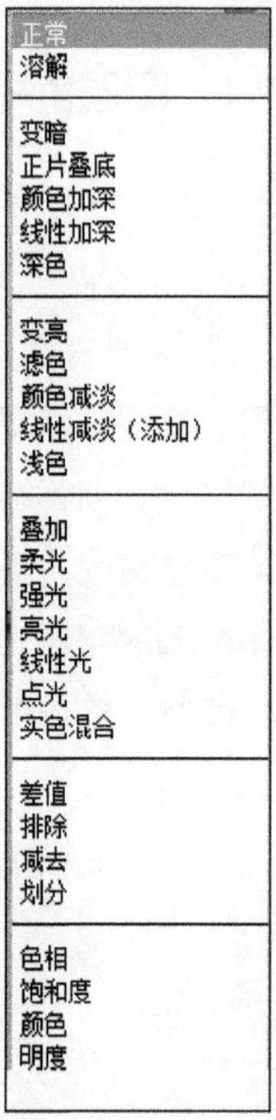

1．正常

这是 Photoshop Cs5 的默认模式，选择此模式后当前层上的图像将覆盖下层图像。

2．溶解

当前层上的图像呈点状粒子效果，当"不透明度"的值小于 100% 时效果更加明显。

3．变暗

当前图层中的图像颜色值与下层图像的颜色值进行混合比较，混合颜色值亮的像素将被替换，混合颜色值暗的像素将保持不变，最终得到暗色调的图像效果。

4．正片叠底

当前层图像颜色值与下层图像颜色值相乘再除以数值 255，得到最终像素的颜色值。任何颜色与黑色混合将产生黑色。当前图层中的白色消失，显示下层图像。

图 7-18　图层混合模式

5．颜色加深

该模式可以使图像变暗，功能类似于"加深工具"。在该模式下利用黑色绘图将抹黑图像，利用白色绘图将起不了任何作用。

6．线性加深

该模式可以使图像变暗，与"颜色加深"模式有些类似，不同的是该模式通过降低各通道颜色的亮度来加深图像，而"颜色加深"是增加各通道颜色的对比度来加深图像。在该模式下使用白色描绘图像不会产生任何作用。

7．深色

比较当前层与下层图像的所有通道值的总和并显示值较小的颜色。深色不会生成第 3 种颜色，因为它从当前图像和下层图像中选择最小的通道值为结果颜色。

8．变亮

该模式可以将当前图像或下层图像较亮的颜色作为结果色。比混合色暗的像素将被取代，比混

正常
溶解

变暗
正片叠底
颜色加深
线性加深
深色

变亮
滤色
颜色减淡
线性减淡（添加）
浅色

叠加
柔光
强光
亮光
线性光
点光
实色混合

差值
排除
减去
划分

色相
饱和度
颜色
明度

合色亮的像素保持不变。在这种模式下当前图像中的黑色将消失,白色将保持不变。

9. 滤色

该模式与"正片叠底"模式效果相反,通常会显示一种图像被漂白的效果。在"滤色"模式下使用白色绘画会使图像变为白色,使用黑色则不会发生任何变化。

10. 颜色减淡

该模式可以使图像变亮,其功能类似于"减淡工具"。它通过减小对比度使下一图层图像变亮,以反映当前层图像的颜色。在图像上使用黑色绘图将不会产生任何作用,使用白色可以创建光源中心点极亮的效果。

11. 线性减淡

该模式通过增加下层图像各通道颜色的亮度加亮当前图像。与黑色混合将不会发生任何变化,与白色混合将显示白色。

12. 浅色

该模式通过比较下层图像和当前图像所有通道值的总和并显示值较大的颜色。浅色不会生成第3种颜色,因为它从当前图像颜色和下层图像颜色中选择最大的通道值为结果颜色。

13. 叠加

该模式可以复合过滤颜色,具体取决于下层图像的颜色。当前层图像在下层图像上叠加,保留下层颜色的明暗对比。当前颜色与下层颜色相混以反映原色的亮度或暗度。叠加后下层图像的亮度区域或阴影区将被保留。

14. 柔光

该模式可以使图像变亮或变暗,具体取决于当前图层的颜色。此效果与发散的聚光灯照射在图像上相似。如果当前层图像的颜色比 50% 灰色亮,则图像变亮,就像被减淡了一样;如果当前层图像的颜色比 50% 灰色暗,则图像变暗,就像被加深了一样。用黑色或白色绘图时会产生明显较暗或较亮的区域,但不会产生纯黑色或纯白色。

15. 强光

该模式效果与强光的聚光灯照射在图像上的效果相似。如果当前层图像的颜色比 50% 灰度亮,则图像变亮;如果当前层图像的颜色比 50% 灰度暗,则图像变暗。在"强光"模式下使用黑色绘图将得到黑色效果,使用白色绘图将得到白色效果。

16. 亮光

该模式通过调整对比度加深或减淡颜色,具体取决于当前层图像的颜色。如果当前层图像的颜

色比 50% 灰度亮，就会降低对比度使图像颜色变浅；反之会增加对比度使图像颜色变深。

17. 线性光

该模式通过调整亮度加深或减淡颜色，具体取决于当前层图像的颜色。如果当前层图像的颜色比 50% 灰度要亮，图像将通过增加亮度使图像变浅，反之会降低亮度使图像变深。

18. 点光

该模式根据当前层图像的颜色置换颜色。如果当前层的颜色比 50% 灰度亮，则比当前层图像颜色暗的像素将被取代，而比当前层图像颜色亮的像素保持不变。反之比当前图层像素颜色亮的像素将被取代，而比当前层图像颜色暗的像素保持不变。

19. 实色混合

该模式将当前层颜色的红色、绿色和蓝色通道值添加到当前的 RGB 值。如果通道的结果总和大于或等于 255，则值为 255；如果小于 255，则值为 0。因此，所有当前层图像像素的红色，绿色和蓝色通道值要么是 0，要么是 255。该模式会将所有的像素更改为原色，即红色、绿色、蓝色、青色、黄色、洋红、白色或黑色。

20. 差值

当前层图像像素的颜色值与下层图像像素的颜色值差值的绝对值就是混后像素的颜色值。与白色混合将反转下层图像像素的颜色值，与黑色混合则不发生变化。

21. 排除

与"差值"模式非常相似，但得到的图像效果比"差值"模式更淡。与白色混合将反转下层图像像素的颜色值，与黑色混合则不发生变化。

22. 减去

该模式通过查看每个通道的颜色信息，并用下层图像的颜色值减去当前层图像的颜色值。8 位和 16 位图像中，任何生成的负片值都会剪切为零。

23. 划分

该模式可以查看每个通道的颜色信息，并从下层图像的颜色中分割当前图层的颜色。

24. 色相

该模式可以使用下层图像的亮度和饱和度以及当前图层图像颜色的色相创建结果色。

25. 饱和度

用下层图像的色相值和亮度值与当前层图像的饱和度值创建结果色。在无饱和度的区域上使用此模式绘图不会发生任何变化。

26．颜色

用下层图像的亮度以及当前图像的色相和饱和度创建结果色。这样可以保留图像中的灰阶，并且对于给单色图像上色和给彩色图像着色都会非常有用。

27．明度

使用下层图像的色相和饱和度以及当前层图像的亮度创建最终颜色。此模式与"颜色"模式相反的效果。

如图 7-19 所示为几种图层混合模式的效果。

（a）原图

（b）变暗　　　　　　　　（c）正片叠底　　　　　　　　（d）滤色

（e）叠加　　　　　　　　（f）柔光　　　　　　　　（g）差值

图 7-19　几种图层混合模式的效果

7.3 图层样式

图层样式命令能使图层上的图像产生许多特殊的效果，比如投影、外发光、内发光、斜面和浮雕、图案叠加等，这些效果在实际图像处理中经常要用到。

在"图层样式"对话框中，不同的效果有着不同的参数设置，同一图层可以应用多种样式，从而制作出各种各样的特殊效果。

图层样式能够被应用于普通图层、形状图层、文字图层，但不能应用于背景图层。

7.3.1 添加图层样式

选择"图层\图层样式"命令，或单击图层面板下方的 fx 按钮，在弹出的菜单中（见图7-20）选择要添加的效果名称，便可打开"图层样式"对话框，如图7-21所示，在对话框中设置图层样式参数，效果满意后单击"确定"按钮退出。

图7-20　图层样式菜单

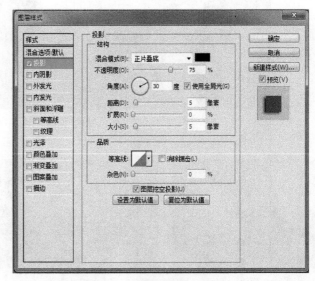

图7-21　"图层样式"对话框

1. 混合选项

混合选项设置图层的混合特效，如混合模式、不透明度、填充不透明度以及挖空等。

2. 投影

添加投影样式后，层的下方会出现一个轮廓和层的内容相同的"影子"，这个影子有一定的偏移量，默认情况下会向右下角偏移。阴影的默认混合模式是正片叠底，不透明度75%。

3. 内阴影

"内阴影"样式可以理解为光源照射物体内部产生阴影的效果。

4．外发光

添加了＂外侧发光＂样式的层好像下面多出了一个层，这个假想层的填充范围比上面的略大，缺省混合模式为"屏幕"，默认透明度为 75%，从而产生层的外侧边缘发光的效果。

5．内发光

"内发光"样式类似于物体内部一侧有光源照射的效果。

6．斜面和浮雕

斜面和浮雕可以说是 Photoshop 样式中最复杂的，其中包括内斜面、外斜面、浮雕、枕形浮雕和描边浮雕，虽然每一项中包涵的设置选项都是一样的，但是制作出来的效果却大相径庭。

7．光泽

"光泽"用来在层的上方添加一个光泽效果。

8．描边

"描边"是用指定颜色沿着层中非透明部分的边缘描边。

添加图层样式后，在图层面板的图层名称右边会出现 *fx* 标记，单击标记旁的三角按钮可以展开显示样式名称，如图 7-22 所示；再次单击三角按钮又可将样式名称折叠起来，如图 7-23 所示。

图 7-22　展开图层样式

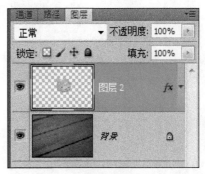

图 7-23　折叠图层样式

如图 7-24 所示为几种图层样式的效果。

（a）投影

（b）内阴影

（c）外发光

图 7-24　几种图层样式效果

（d）内发光　　　　　　　　（e）斜面和浮雕　　　　　　　（f）描边

图 7-24　几种图层样式效果（续）

7.3.2　图层样式应用

【例 7-3】　使用图层样式制作玉镯。

（1）新建一个 800 像素 × 800 像素的图片，背景层用红色填充，如图 7-25 所示。

（2）新建一个图层，将背景色、前景色恢复默认的黑白颜色，使用滤镜"渲染 \ 云彩"，效果如图 7-26 所示。

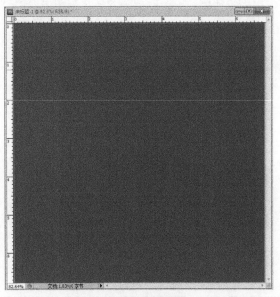 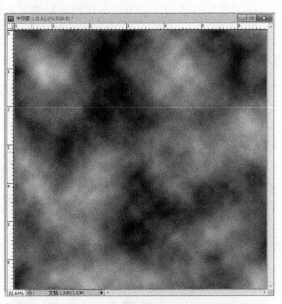

图 7-25　新建图像　　　　　　　　　　　图 7-26　"渲染 \ 云彩"滤镜

（3）使用液化滤镜中的向前变形工具，调整适当的画笔大小、压力，向同一方向推出一个圆形，单击确定按钮，按 CTRL+R 组合键显示标尺，并从标尺中拉出 2 条辅助线，如图 7-27 所示。

（4）使用椭圆选取工具，以参考线的交点为圆心，创建一个环形的选区，如图 7-28 所示。

（5）反向选取，将选中的部分删除，得到玉镯的雏形，如图 7-29 所示。

（6）对玉镯图层添加图层样式，投影使用默认参数，斜面和浮雕参数如图 7-30 所示。

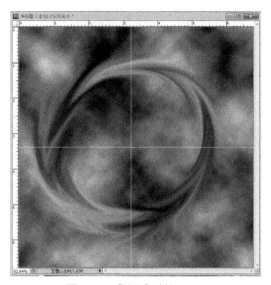

图 7-27　"液化"滤镜

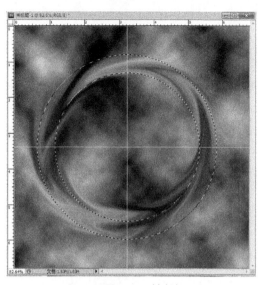

图 7-28　创建选区

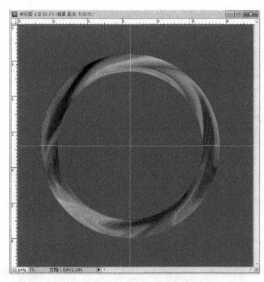

图 7-29　玉镯雏形

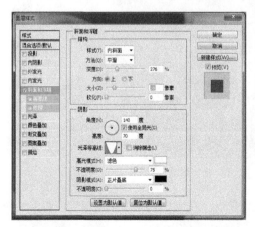

图 7-30　图层样式参数和效果

（7）最后使用"色相饱和度"的着色模式上色，最终效果如图 7-3l 所示。

【例 7-4】 "投影"样式制作照片卷角效果。

（1）打开素材图片，按 CRTL+J 组合键，复制背景层，将图层 1 设为隐藏。

（2）将背景层用白色填充，前景色设置为"#996600"，背景色为白色，先后使用"渲染\云彩"和"纹理\龟裂缝"滤镜制作如图 7-32 所示的底纹效果。

（3）显示图层 1，以该层为当前操作层，按 Ctrl+T 组合键把图像缩小。

图 7-31 最终效果

（4）单击"图层"面板底部添加图层样式按钮 *fx*，在弹出的菜单中选择"描边"命令，设置描边颜色为白色，大小为 10 个像素，内描边。制作成照片的效果，如图 7-33 所示。

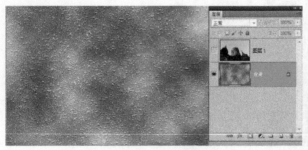

图 7-32 制作底纹效果

图 7-33 添加"描边"样式

（5）选择"滤镜\扭曲\切变"命令，打开对话框进行设置，如图 7-34 所示。

图 7-34 "切变"滤镜效果

（6）单击"图层"面板底部添加图层样式按钮 *fx*，在弹出的菜单中选择"投影"命令，参数使用默认值。在图层缩略图旁的 *fx* 图标上右键单击，在弹出的快捷菜单中选择"创建图层"命令，如

图 7-35 所示。将图层样式和图像拆分成 3 个图层。

（7）将"图层 1 的内描边"层和图层 1 合并。

（8）单击"图层 1 的投影"层，使其为当前工作层，按 Ctrl+T 组合键，调出自由变换控制框，右键单击，在快捷菜单中选择"水平翻转"命令。调整好阴影的位置，最终卷角的效果就出来了，如图 7-36 所示。

图 7-35 将图层样式拆成三个图层

图 7-36 照片卷角效果

7.3.3 图层样式的编辑

在对图层样式了解后，还有必要掌握图层样式的编辑操作。图层样式可以复制、粘贴，也可以隐藏或清除。

1. 复制、粘贴图层样式

如果要在多个图层中应用相同效果，最便捷的方法是复制和粘贴样式。

要复制图层样式，可以在"图层"面板中选择包含源图层样式的图层，执行"图层\图层样式\拷贝图层样式"命令。要粘贴图层样式，可以在"图层"面板中选择目标图层，然后执行"图层\图层样式\粘贴图层样式"命令。

复制、粘贴图层样式的快捷方式：按住 Alt 键将要复制的图层样式图标 fx 直接拖入目标图层中。

【例 7-5】 使用复制、粘贴图层样式制作叶子上的水滴。

（1）打开素材图片，水滴的图层样式已经制作完成，如图 7-37 所示。

（2）新建一个图层，使用黑色画笔在上面画几滴水的雏形，如图 7-38 所示。

图 7-37 原图

（3）在图层1上拷贝图层样式，粘贴到图层2上，水滴就制作完成了，最终效果如图7-39所示。

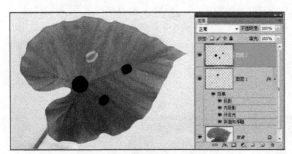

图 7-38　在新图层中添加水滴

图 7-39　最终效果

2. 清除图层样式或效果

要删除某一图层样式，可在该图层上单击右键，在弹出的菜单中选择"清除图层样式"；或者按住图层样式图标 *fx* 拖曳到面板下方的垃圾桶 中。

单击图层样式效果列表前的 图标，可以关闭该样式效果的显示，如图 7-40 所示。

3. 使用"样式"调板

Photoshop 中提供了图层样式库，我们可以直接应用这些已经做好的图层样式。如果不满意可以对其进行修改、编辑并保存为新的样式。

选择"窗口\样式"命令，打开样式调板，如图7-41所示。单击样式调板中的样式图标，即可在图层中应用该样式。要载入 Photoshop 内置的样式，可单击样式调板右上方的 按钮，在弹出的菜单中选择需要载入的样式名称，然后在对话框中单击"追加"按钮即可。

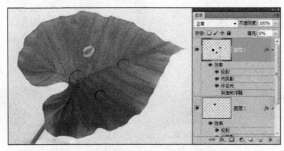

图 7-40　关闭图层样式中的某效果

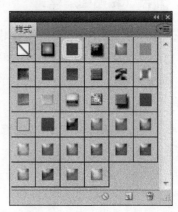

图 7-41　"样式"调板

新建一个文件，在新图层中绘制一个蓝色椭圆，在样式调板中载入"玻璃按钮"样式，然后单击"样式"调板中的"绿色玻璃按钮"图标 ，即制作出一个椭圆形的玻璃按钮，如图7-42所示。

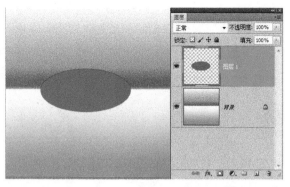

图 7-42 应用预设样式效果

7.4 图层蒙版

图层蒙版主要用于控制添加蒙版的图层中各个区域图像的显示程度。建立图层蒙版可以将图层中图像的某些部分处理成透明和半透明效果，从而产生一种遮盖特效。由于图层蒙版可控制图层区域的显示或隐藏，因而可在不改变图层中图像像素的情况下，将多幅图像自然地融合在一起。图 7-43 即为使用图层蒙版合成的图像实例。

（a）素材 1　　　　　　　（b）素材 2　　　　　　　（c）效果图

图 7-43 使用图层蒙版合成图像

7.4.1 创建图层蒙版

图层蒙版是一张 256 级色阶的灰度图像，蒙版中的纯黑色区域可以遮罩当前图层中的图像，从而显示出下方图层中的内容，因此黑色区域将被隐藏，蒙版中的白色区域可以显示当前图层中的图像。蒙版中的灰色区域会根据灰度值呈现出不同层次的半透明效果。

图像中除背景层外每一个图层都可以添加图层蒙版。图层蒙版的创建很简单，单击"图层"面板底部的添加图层蒙版按钮 ，就可以在图层上建立一个白色蒙版，当前层的内容全部显示，相当

于执行"图层\图层蒙版\显示全部"命令；结合 Alt 键单击该按钮可以创建一个黑色的图层蒙版，显示的是下方图层内容，相当于执行"图层\图层蒙版\隐藏全部"命令，如图 7-44 所示。

图 7-44　创建图层蒙版

7.4.2　编辑图层蒙版

图层蒙版建立后，该图层上就有两个图像了，一幅是这个图层上的原图，另一幅就是蒙版图像。若要编辑蒙版图像，则单击蒙版缩略图，这时蒙版缩略图有白色边框标志。由于图层蒙版也是一幅图像，因此也可以像编辑图像那样编辑图层蒙版，如绘画、渐变填充、滤镜等。

【例 7-6】　使用图层蒙版合成图像。

（1）打开天空和草地的素材图片，如图 7-45 所示。

（a）素材 1　　　　　　　　　　　　　　　（b）素材 2

图 7-45　素材图片

（2）将"天空"图片放入到"草地"图片中，单击"图层"面板底部的添加图层蒙版按钮，为天空图层上添加图层蒙版，如图 7-46 所示。

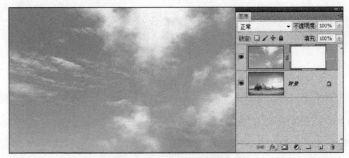

图 7-46　添加图层蒙版

（3）使用渐变工具（黑白渐变色）填充蒙版，如图 7-47 所示。

图 7-47　渐变色填充蒙版

（4）接下来对蒙版进行编辑，用画笔工具 ✏️，根据是否要显示分别用白色或黑色涂抹进行修改，最终效果如图 7-48 所示。

图 7-48　最终效果

7.4.3　创建剪贴蒙版

剪贴蒙版就是通过使用处于下方图层的形状来限制上方图层的显示状态，达到一种剪贴画的效果，效果如图 7-49 所示。

（a）素材 1

（b）素材 2

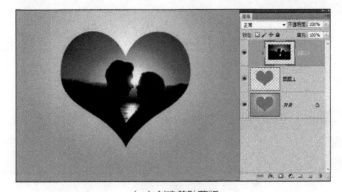

（c）创建剪贴蒙版

图 7-49　创建剪贴蒙版

创建剪贴蒙版的两种方法。

（1）选择图层，然后执行"图层\创建剪贴蒙版"命令，即可将该层与其下方的图层创建成剪贴蒙版。

（2）按住 Alt 键，将鼠标光标放在"图层"面板中药创建剪贴蒙版的两个图层交界线上，当鼠标指针变成两个交叉的圆形后单击即可创建剪贴蒙版。

7.5 调整图层

调整图层是以调整命令为基础并与图层功能相结合的特殊图层。

图像的色彩调整都会有损原图的像素，在反复调整中可以用历史记录画笔工具涂抹到历史记录，但任何一个调整操作，其结果都是不可复原的，几乎没有后悔的余地。

为了使调整中图像的像素不被破坏，又能重复更改，建议使用调整层。调整层是集中了图层、蒙版和图像调整三位一体的高级操作，在调整层中可以实现对图像局部的、反复的、非破坏性的调整，对于不满意的地方可以在蒙版中反复修改，因而使得图片的调整更具灵活性。

【例7-7】 调整照片的色彩，将图片变成秋天的景色。

（1）打开素材文件，如图 7-50 所示。

（2）先调整草地的颜色，单击"图层"面板底部的创建调整图层按钮，在弹出的菜单中选择"色相/饱和度"命令，分别调整黄色和绿色，如图 7-51 所示。

图 7-50 打开需调整的图

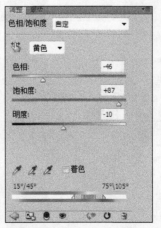

图 7-51 创建"色相/饱和度"调整层

（3）调整后天空的颜色也变了，现在通过蒙版操作恢复天空原来的颜色。选择黑色画笔✏️涂抹，将天空调整到打开的状态，如图 7-52 所示。

图 7-52　使用画笔在蒙版中涂抹

（4）现在调整天空的颜色，单击"图层"面板底部的创建调整图层按钮◑，在弹出的菜单中继续选择"色相/饱和度"命令，分别调整蓝色和青色，如图 7-53 所示。

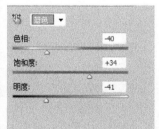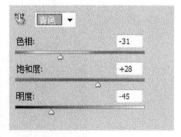

图 7-53　使用画笔在蒙版中涂抹

（5）单击"图层"面板底部的创建调整图层按钮◑，在弹出的菜单中选择"曲线"命令创建"曲线"调整层，增加图像的对比度，最终效果如图 7-54 所示。

【例 7-8】　制作深秋日出景象。

（1）新建一个 1024 像素 ×650 像素，分辨率为 96 像素的文件，背景填充任意颜色，如图 7-55 所示。

（2）打开树林素材，用修复工具去掉图片中公路，底部空出一点位置用来放草地。添加图层蒙版，用黑白渐变拉出顶部透明度效果，如图 7-56 所示。

（3）打开霞光素材，拖进来，添加图层蒙版，用黑白渐变拉出底部透明效果，如图 7-57 所示。

图 7-54　创建"色相／饱和度"调整层

图 7-55　新建一个图像

图 7-56　树林创建蒙版

图 7-57　加入霞光

（4）创建"色彩平衡"调整图层，对阴影、高光进行调整，参数设置如图 7-58 所示。

（5）打开草地素材，拖进来，放好位置后添加图层蒙版，用黑白渐变拉出顶部透明效果，如图 7-59 所示。

（6）创建"可选颜色"调整图层，对黄、绿进行调整，从而调整草地的颜色，参数设置如图 7-60 所示，效果如图 7-61 所示。

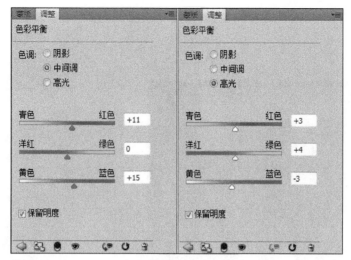

图 7-58　色彩平衡参数

图 7-59　加入草地

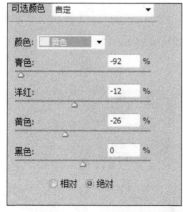

图 7-60　可选颜色参数

（7）创建"曲线"调整图层，适当增加亮度及对比度，参数设置如图 7-62 所示。

（8）创建"色相 / 饱和度"调整图层，对全图进行调整，参数设置如图 7-63 所示。

图 7-61　添加可选颜色后效果

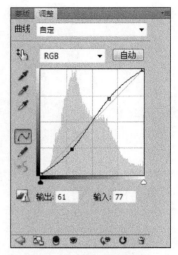

图 7-62　曲线调整层参数

图 7-63　色相 / 饱和度调整层参数

（9）新建一个图层填充黄褐色：#BF9049，混合模式改为"正片叠底"，用矩形选框工具拉出图 7-64 所示的选区，羽化 30 个像素后按 Delete 键删除选取部分，确定后把不透明度改为：50%，效果图 7-64 所示。

图 7-64　添加填充图层

（10）图片中的暖色过多，不能体现秋季的寒意。打开天空素材，拖进来，混合模式改为"变亮"，添加图层蒙版，用黑白渐变拉出底部透明效果，再用黑白颜色画笔适当涂抹，如图 7-65 所示。

图 7-65　添加秋天的寒意

（11）打开树木素材，用通道或魔棒工具把树抠出来，拖进来，使用"色相\饱和度"微调一下颜色，把受光处稍微用减淡工具涂亮一点，最终效果如图 7-66 所示。

图 7-66　最终效果

7.6　3D 功能简介

平时我们所看到的一些立体感、质感超强的 3D 图像，在 Photoshop CS5 中也可轻松实现。Photoshop CS5 在菜单栏中新增了 3D 菜单，同时还配备了 3D 调板，使用户可以使用材质进行贴图，制作出质感逼真的 3D 图像，进一步推进了 2D 和 3D 的完美结合。

下面我们通过一个例题来简单了解一下 Photoshop 的 3D 功能。

【例 7-9】　制作草地上的石雕。

（1）新建文档，输入文字"3D"，如图 7-67 所示。

图 7-67　输入文字

Photoshop CS5 应用教程

（2）执行"3D\ 凸纹 \ 文本图层"，深度不要太厚，0.4 就够了，材质选择"无纹理"，如图 7-68 所示。

（3）用左侧的旋转工具 变换 3D 字的角度，效果如图 7-69 所示。

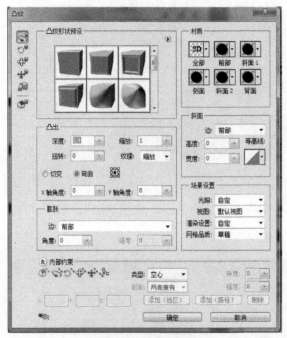

图 7-68　凸纹参数设置

图 7-69　旋转文字

（4）使用命令"窗口 \3D"调出 3D 面板。首先选择前膨胀材质，载入石材纹理，如图 7-70 所示。

（5）凸出材质也选择石材纹理，效果如图 7-71 所示。

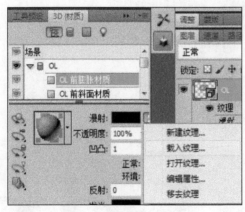

图 7-70　选择前膨胀材质

图 7-71　选择凸出材质

（6）打开草地素材，如图 7-72 所示，将 3D 字拖入，鼠标右击图层，栅格化 3D。

（7）添加图层蒙版，前景色设为黑色，选择 192 号绒毛笔刷，笔刷不透明度 80% 左右，在蒙版上涂出文字前的草地，素材效果如图 7-73 所示。

图 7-72　草地图片

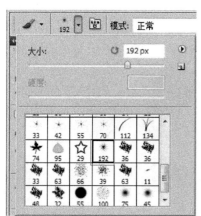 

图 7-73　画笔设置和最终效果

课后习题

1. 运用图层排列顺序，制作公益广告，效果如图 7-60 所示。

（a）蛋壳　　　　　　（b）小鸡　　　　　　（c）效果图

图 7-74　公益广告

2. 运用图层的排列顺序绘制奥运五环，并添加图层样式制作如图 7-59 所示的效果。

（a）原图像

（b）最终效果

图 7-75　绘制奥运五环

3. 运用图层蒙版和调整图层合成图像，效果如图 7-76 所示。

（a）素材 1

（b）素材 2

（c）素材 3

（d）最终效果

图 7-76　使用图层蒙版合成图像

第 8 章　路径与文字

8.1　路径的基本概念

在 Photoshop CS5 中我们通常要接触到两种图像，它们分别是位图和矢量图。前面各章节我们主要学习了位图图像的处理。对于矢量图来说，Photoshop 中主要利用路径工具、形状工具和文字工具来创建。

8.1.1　什么是路径

路径是使用贝赛尔曲线所建立的类似于线条的矢量图形。路径由锚点、线段和控制手柄组成，其中线段可以是直线段或曲线段。路径可以是开放的，也可以是闭合的。通过编辑路径的锚点，可以改变路径的形状。图 8-1 和图 8-2 所示的分别为闭合路径和开放路径示例。

图 8-1　闭合路径

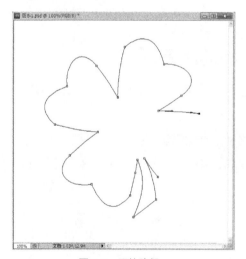
图 8-2　开放路径

路径可以具有两种锚点：角点和平滑点。在角点，路径突然改变方向。在平滑点，路径段连接为连续曲线。可以使用角点和平滑点的任意组合绘制路径。如果绘制的点类型有误，可随时更改。

利用路径绘制需要的线条和精确的图形，然后通过填充或者描边操作将问题转化为图层操作的范畴，也可以将路径转化为选区进行处理。路径通常用于图像的精确选取，由于路径调整灵活、便于存储，所以更利于创建复杂精确的选区。另外利用路径编辑调整方便的特点来勾勒精确的轮廓，使它也常应用于计算机绘画当中。

许多流行的图像处理软件都具有路径的功能，如 Illustrator、Corel DRAW 等，在 Photoshop 中编辑的路径也可以方便地输入到上述软件中进行二次处理。

8.1.2 认识路径面板

路径作为 Photoshop 软件的重要功能，与通道和图层一样，也有一个专门的控制面板：路径面板。路径面板通常可以完成路径的新建、保存、复制和删除等一些基本操作，也可以实现路径的填充和描边等操作。通过"窗口\路径"可以打开路径面板，如图 8-3 所示。

路径面板的外观看起来与图层、通道面板很相似。用户新建的路径系统会依次自动命名，如"路径 1"、"路径 2"……，而直接在图像中绘制的路径为工作路径。路径面板中各图标含义如下。

图 8-3 路径面板

前景色填充路径 ⬤：将当前的路径内部完全填充为前景色。

画笔描边路径 ⭕：使用画笔工具和前景色沿路径外轮廓进行边界描绘。

路径作为选区载入 ⬤：将当前被选中的路径转换成选区。

从选区生成工作路径 ⬤：将选区转换为路径。

创建新路径 ⬛：用于创建一个新路径。

删除当前路径 🗑：用于删除当前选择的路径。

8.1.3 认识路径工具

在 Photoshop CS5 中提供了一组用于路径创建和编辑的工具，它们位于工具箱的矢量工具组。其中可以用于路径绘制的工具主要是路径工具、文字工具和形状工具。

路径工具组默认图标为"钢笔"，如图 8-4 所示。长按左键或单击鼠标右键，系统将会弹出隐藏的工具，如图 8-5 所示，利用这些工具就可以实现路径的创建。

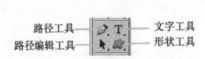

图 8-4 矢量工具组

图 8-5 路径工具组

8.2 路径的创建

通过 Photoshop CS5 提供的矢量工具组创建路径通常有三种方式，除此之外也可以通过选区转化为路径、文字转化为路径等方法实现路径的创建。

8.2.1　钢笔工具绘制路径

使用"钢笔工具"可以精确地绘制直线或者曲线路径。选中工具箱中的"钢笔工具"后，可见到如图 8-6 所示的属性栏，在其中进行相应的设置后就可以绘制路径了。

图 8-6　钢笔工具的属性栏

形状图层 ：绘制路径时，会用前景色或预设的样式填充路径区域，并且图层面板会生成一个形状图层，路径面板同时生成一个形状蒙版。

路径 ：单击该按钮时只绘制路径，路径面板会显示该路径。

填充像素 ：单击该按钮用前景色填充形状区域，路径面板不会出现该形状的路径，该按钮只有选中形状工具后才可用。

"自动添加 / 删除"复选框：勾选该项，钢笔工具会具有添加和删除锚点的功能。

 ：该组按钮表示路径的运算方式，包含加、减、交叉、交叉以外四种运算，与选区的运算类似。

钢笔工具绘制直线路径的方法比较简单，选择钢笔工具 后，在图像窗口单击鼠标可创建锚点，通过多次单击即可在各个锚点间自动连接成直线段从而得到直线路径，如图 8-7（a）所示。如果绘制时按下了 Shift 键，那么就可以创建水平、垂直或者斜率 45° 的直线。

使用钢笔工具 绘制路径时，在按下鼠标左键生成锚点后，保持左键不放继续拖动就可以绘制曲线路径。在拖动鼠标的同时该锚点两侧产生反向的两个控制手柄，控制手柄的长度和方向决定了该段曲线的弯曲度和方向，如图 8-7（b）所示。

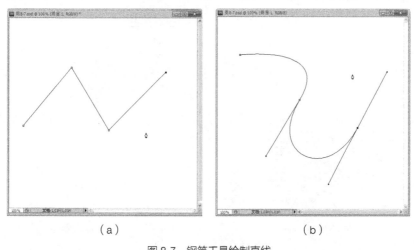

（a）　　　　　　　　　　　　　（b）

图 8-7　钢笔工具绘制直线

8.2.2　自由钢笔工具绘制路径

自由钢笔工具 与钢笔工具 功能很相似，但绘制方式不同。自由钢笔工具 绘制路径时，只

Photoshop CS5 应用教程

需要在图像窗口中按下左键拖移鼠标即可，可以画出较随意的线条，但精确性不如钢笔工具，如图 8-8 所示。如果勾选了自由钢笔属性栏中□磁性的复选框，那么自由钢笔工具会变成"磁性钢笔"，它在创建路径时通过拖移鼠标能找出图像的边界并自动生成一系列锚点。"磁性钢笔"的使用方法同磁性套索较类似，如图 8-9 所示，利用"磁性钢笔"可以非常方便地创建该图像所示轮廓的路径。

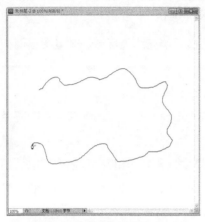

图 8-8　自由钢笔绘制路径

图 8-9　"磁性钢笔"绘制路径

8.2.3　形状工具绘制路径

形状工具组包括矩形工具、圆角矩形工具、椭圆工具、直线工具和多边形工具，如图 8-10 所示，利用形状工具也可以轻松地绘制各种形状的路径。首先选中需要的形状工具，在该工具的属性栏中选中█按钮，即绘制路径按钮，然后在图像窗口拖移鼠标绘制路径即可，同绘制形状操作完全一样，如图 8-11 所示。

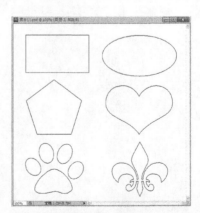

图 8-11　各种形状的路径

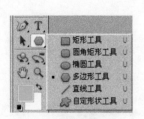

图 8-10　形状工具组

在 Photoshop 中，路径和形状非常相似，形状也是由锚点、线段和控制手柄组成的。区别是：形状有颜色，是一个实体可以直接打印输出；而路径类似于一个虚拟的轨迹，在没有"上色"之前是不能直接随图像打印输出的。

另外路径工具组和形状工具组并没有严格的区分，任意的路径工具都可以用来创建形状，任意的形状工具也可以创建路径。在绘制时要特别注意属性栏中 □☑☑ 这组按钮的选择。

8.3 路径的编辑

通常用户最初创建的路径并不能完全满足要求，因此需要通过路径的编辑工具对路径做适当的调整，从而得到想要的路径。

8.3.1 选择路径

编辑路径的第一步是首先将要编辑的对象选中，选择路径的工具有两种：分别是路径选择工具 ▶ 和直接选择工具 ▷。

路径选择工具 ▶ 可以选中整个路径，如果按住 Alt 键同时拖移路径还可以实现路径的复制，如果按住 Shift 键同时单击多个路径可以同时选择多个路径。

直接选择工具 ▷ 可以选中路径中的锚点，用于路径的精确调整，如图 8-12 所示，如果需要同时选中多个锚点，可以拖动鼠标框选来实现。直接选择工具 ▷ 也可以用来调节线段或控制手柄，如图 8-13 和图 8-14 所示。使用钢笔工具 ⌀ 的时候，按住 Ctrl 键不放即可切换到直接选择工具 ▷。

（a）选中锚点

（b）拖移锚点

图 8-12　直接选择工具调整锚点

（a）选中直线段

（b）拖移直线段

图 8-13　直接选择工具移动直线段

Photoshop CS5 应用教程

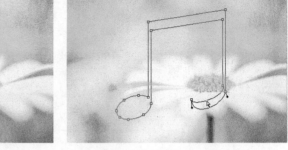

（a）选中曲线段　　　　　　　　　　　　（b）拖移曲线段

图 8-14　直接选择工具移动曲线段

8.3.2　添加 / 删除锚点

添加锚点工具 🖉 和删除锚点工具 🖉 可以对路径进行锚点的添加和删除操作。实际应用中可根据实际情况对路径中的锚点进行增删。

如果钢笔工具 🖉 的属性栏中"自动添加 / 删除"选项被选中时，钢笔工具 🖉 也可以直接添加和删除锚点，方法是选中路径后使用钢笔工具 🖉 靠近欲添加锚点的路径段或准备删除的锚点上，单击鼠标即可。如图 8-15 所示为添加锚点的示例，其中图（a）表示添加锚点前的路径，图（b）中新增锚点两侧出现了调节手柄，利用直接选择工具 🖟 稍加调整可见图（b）效果。

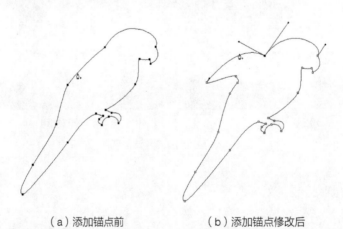

（a）添加锚点前　　　　　　　　（b）添加锚点修改后

图 8-15　添加锚点

8.3.3　转换锚点类型

路径中的锚点分为拐角型和光滑型两类，在实际应用中经常要在二者之间进行转换。转换锚点类型的工具是转换点工具 🖟。使用钢笔工具的时候按住 Alt 键不放，也可切换工具到转换点工具 🖟。如图 8-16（a）图所示，将光标置于要更改的锚点上，然后按下左键拖动手柄可以实现由拐角型锚点到光滑型锚点的转化，修改后效果如图（b）所示；使用转换点工具 N 拖移控制手柄也可以实现光滑型锚点到拐角型锚点的转化，如图（c）所示。如果直接单击图（b）中光滑点也可将路径恢复到图（a）状态，即该锚点连接的两曲线段变为直线段，手柄消失。

　　使用转换锚点的示例如图 8-17 所示。

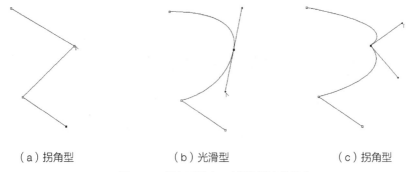

（a）拐角型　　　　　　　　　　（b）光滑型　　　　　　　　　　（c）拐角型

图 8-16　拐角型锚点和光滑型锚点的转化

（a）使用钢笔工具粗略勾勒　　　　　　　　（b）精确修改路径后

图 8-17　通过转换锚点精确选中物体

8.3.4　变换路径

　　路径属于矢量图形，对其进行各种变换后图形不会失真。选择要变换的路径，选中"编辑 \ 变换路径"命令，在下级子菜单选择变换的方式即可对路径进行变换。也可以选中路径后使用 Ctrl+T 组合键，实现对路径的自由变换操作。

8.3.5 路径运算

通过路径的运算可以由简单路径得到复杂的路径。路径的运算方式包含加 ▣、减 ▣、交叉 ▣、交叉以外 ▣ 四种运算，与选区的运算类似，与选区不同的是执行路径运算后，参加运算的路径仍然完整存在，只有单击 组合 按钮后路径才能实现真正的运算。图 8-18 利用形状图层演示了两封闭路径的四种运算。

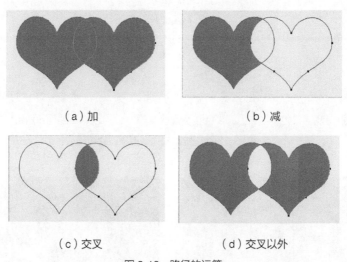

（a）加　　　　　　　　　　　（b）减

（c）交叉　　　　　　　　　　（d）交叉以外

图 8-18　路径的运算

8.3.6 填充和描边

路径类似于一种虚拟的轨迹，我们绘制路径后，该路径并没有真实存在于图像文件中，只有执行了"上色"操作，才能将该路径的内容转化为实体，即将颜色填充到图层上，那么该内容就可以随图像一起打印了。路径面板中提供了两种"上色"操作，分别是用前景色填充路径 ◉ 和画笔描边路径 ◉。

绘制路径后，只需要单击路径面板底部的用前景色填充路径 ◉，则该路径所包围区域由前景色填充。描边路径可以使用画笔、橡皮擦等工具。首先需要设置画笔的笔尖类型，画笔的大小和画笔的动态效果等，然后再单击路径面板底部的画笔描边路径 ◉ 按钮，即可实现由当前画笔描边路径的效果。

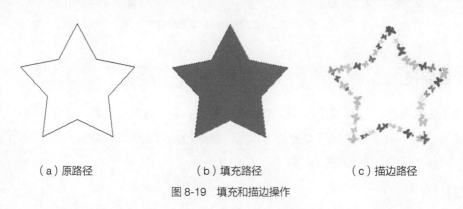

（a）原路径　　　　　　（b）填充路径　　　　　　（c）描边路径

图 8-19　填充和描边操作

如图 8-19（c）所示为使用蝴蝶形状的画笔描边五角星形状路径的操作结果。该描边步骤简述如下：

（1）新建图像文件，选择自定义形状工具 ，在其属性栏中单击绘制路径 按钮，然后在"形状"下拉列表框中选择五角星形状来绘制一个路径。

（2）在工具箱中选择画笔工具 ，在其属性栏中选择画笔样式下拉菜单，追加"特殊效果画笔"至画笔样式列表框中。选择其中"蝴蝶"形态的画笔，将画笔的大小设置为 19 像素，如图 8-20 所示。

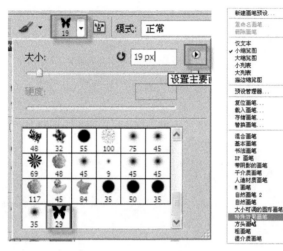

图 8-20　选择画笔

（3）选择"窗口\画笔"打开画笔面板，首先将面板左侧复选框中所有的特殊效果均不选，然后选择"画笔笔尖形状"，设置画笔的间距为"137%"。勾选"形状动态"复选框和"颜色动态"复选框，最后在面板中做若干设置，如图 8-21 所示，并在工具箱中设置好适当的前景色。

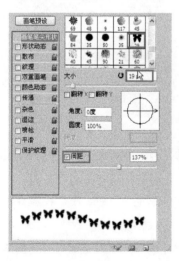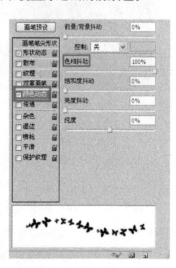

图 8-21　画笔面板设置

（4）单击路径面板底部的画笔描边路径 ，即可用所设置的画笔样式对路径描边，取消路径的选择后可以看到描边后的效果，如图 8-19（c）所示。

8.4　路径与选区的转化

路径与选区可以通过路径面板进行相互转换，从某种意义上说，Photoshop 中的路径可以看做是创建选区、修改选区和存储选区的一种方式。由于路径可以精确调整，因此利用路径可以创建更加精确的选区。

8.4.1　路径转化为选区

路径转化为选区可以单击路径面板底部的将路径作为选区载入按钮，即可得到该路径对应的"蚂蚁线"选区，通过这种方法可以实现图像的精确"抠图"，该方法处理实际问题非常有效。如将图 8-17 中的酒瓶路径转化为选区即可实现"抠图"，将酒瓶抠出。

（a）路径转化为选区后　　　　　　　　　　　　（b）"抠图"后

图 8-22　路径转选区

下面我们通过一个路径转化为选区的实例来详细说明如何使用路径和选区相结合的方法创建图像。

（1）打开素材文件"第 8 章 \ 图 8-23a.jpg"，在工具箱中选择钢笔工具，然后在属性栏中选中按钮，沿蝴蝶的外轮廓线描绘，从而得到一只外形曲线平滑的蝴蝶路径。

（2）新建一个"400 × 300"像素的 Photoshop 文件，使用路径选择工具将描绘好的蝴蝶路径选中并拖动至新文件中，该路径会出现在新文件的路径面板中。

（3）选中蝴蝶路径，单击路径面板底部的将路径作为选区载入按钮，即可得到蝴蝶形态的选区，然后设置前景色为 #ff75e9，背景色为白色，使用径向渐变来填充选区，按 Ctrl+D 组合键取消选区。

（a）蝴蝶图像 （b）蝴蝶路径

图 8-23 使用钢笔工具描绘图像

（4）在路径面板中再次将蝴蝶路径选中，按下 Ctrl+T 组合键，同时按下辅助键 Shift 和 Alt 缩小路径，然后转化为选区，设置前景色为 #e874d4，用和（3）同样的方法填充选区并取消选区。前景色设置为 #fda5ed，重复以上步骤再填充一次。得到如图 8-24 所示效果。

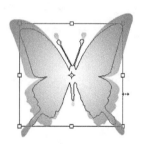

图 8-24 蝴蝶填充图

（5）为填充好颜色的蝴蝶添加"投影"和"斜面和浮雕"样式，效果如图 8-25 所示。

图 8-25 蝴蝶特效图

（6）复制"图层 1"得到"图层 1 副本"，按下 Ctrl+U 组合键，将蝴蝶的颜色调至喜欢的其他颜色，用同样的方法可以创建多只蝴蝶。

（7）利用 Ctrl+T 组合键变换图像，并放置于适当位置，然后利用钢笔工具绘制山坡并填充颜色，最后将"第 8 章 \ 图 8-23a.psd"素材拖入，天空颜色适当渲染后可得最终效果如图 8-26 所示。

Photoshop CS5 应用教程

图 8-26　最终效果图

8.4.2　选区转化为路径

前面章节我们学习了创建选区的工具，常用的选区工具通常不够精确，不易于保存。通常选区的保存可以借助路径或者通道来实现。路径和通道的内容都可以直接存储在 Photoshop 文件中，另外路径便于修改，可以实现精确的选取。

选区转化为路径的方法是，展开路径面板，单击路径面板底部的从选区生成工作路径按钮 即可实现。

8.5　文字

在平面设计中，文字占有非常重要的地位，它可以对作品进一步美化，更能突出作品深意。在 Photoshop CS5 中的文字处理功能可以在图像中输入文字或者段落，并能对其进行编辑和设置；也能创建路径文字或段落，从而得到更加复杂和新颖的文字效果。

8.5.1　文字工具

在工具箱中可以看到文字工具组，利用这些工具可以进行文字创意，如图 8-27 所示。

横排文字工具 **T**：可以横向输入文字。

直排文字工具 **↓T**：可以纵向输入文字。

横排文字蒙版工具 ：可以创建横向的文字选区。

直排文字蒙版工具 ：可以创建纵向的文字选区。

图 8-27　文字工具

1．输入文字

在工具箱中选择横排文字工具 **T** 或直排文字工具 **↓T**，适当设置文字工具的属性栏，包括字体类型，文字大小等选项，如图 8-28 所示，然后再图像中单击鼠标即可输入文字。输入完毕后单击属性栏右侧的确认按钮✔提交文字，如果要取消当前的文字操作可以单击取消按钮◎。

图 8-28 文字工具的属性栏

如果要输入的是较多文字组成的段落，那么在选择好文字工具后要在图像中拖移鼠标创建文本输入框，然后再输入文字即可，如图 8-29 所示。

图 8-29 文字段落

2．创建文字选区

文字选区相较其他选区较特殊，利用横排文字蒙版工具🚏和直排文字蒙版工具▦可以轻松创建文字形的选区，使用方法同横排文字工具相似，不同之处是提交之后得到的是选区，如图 8-30 所示。

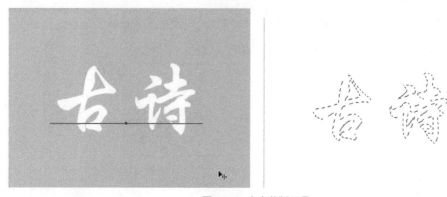

图 8-30 文字蒙版工具

3．变形文字

文字工具属性栏中的变形文字按钮🍷可以使用户输入的文字样式更加多变，操作方式是输入文

Photoshop CS5 应用教程

字后选中要修改的文字，然后单击变性文字按钮，可以打开"变形文字"对话框，在其中直接选中相应的样式并适当调整即可得到变形文字，如图 8-31 所示。

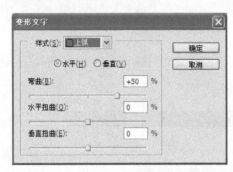

图 8-31　变形文字对话框及变形文字效果

8.5.2　文字转化为路径

在 Photoshop 中文字工具分属于矢量工具组中，文字与路径和形状的关系密切，通过文字与路径或形状的相互转化，可以得到许多特殊效果。下面我们通过一个特效字的制作来说明这一点。

（1）新建 Photoshop 文档，选择横排文字工具 **T**，输入文字"ABC"，然后设置好文字的字体和大小，确认后在图层面板中得到文字层，如图 8-32 所示。

图 8-32　文字图层

（2）将鼠标移动到该文字层，右键单击鼠标，在弹出的快捷菜单中选择"创建工作路径"命令，创建的工作路径会出现在路径面板中，如图 8-33 所示。

图 8-33　文字路径

（3）自动创建的文字路径一般锚点较多，可以先使用删除锚点工具将锚点删除一些，然后利用直接选择工具和转换点工具文字路径进行修改，适当编辑后可得到如图 8-34 所示效果。

图 8-34 修改后的文字路径

（4）按下组合键 Ctrl+Enter 将修改后的文字路径转化为选区，并进行填充描边，添加图层样式等操作可以得到如图 8-35 所示效果。

图 8-35 特效文字

8.5.3 文字沿路径绕排

文字除了可以转化为路径或者形状之外，还可以沿路径边缘绕排，也可以编辑特殊形状的段落文本。

1. 文字沿路径绕排

文字沿路径绕排的方法是首先绘制路径，然后选中文字工具，靠近路径时图标会变成 ⚡ 标记，此时输入文字即可实现沿路径绕排的效果如图 8-36（a）所示。通过路径选择工具 ▶ 拖移文字的起始点还可以实现图（b）效果。

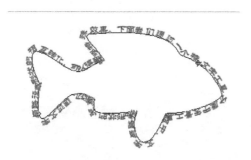

（a）沿路径外部绕排

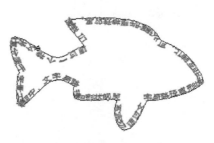

（b）沿路径内部绕排

图 8-36 文字沿路径绕排

文字绕排路径也可以是开放的路径，如图 8-37 所示，首先使用钢笔工具沿花朵外形勾勒，得到一段平滑的开放路径，然后选择文字工具靠近路径的边缘，当鼠标指针变成 ⚓ 标记时，单击鼠标录入文字即可得到如图 8-37 所示效果。

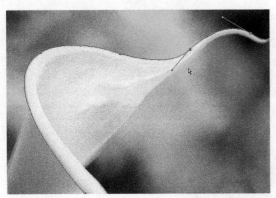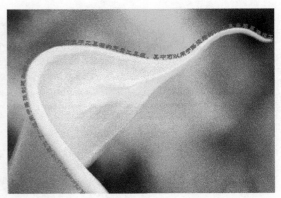

图 8-37　图像中添加绕排文字

2. 特殊形状的段落

对于闭合路径来说，当文字工具指针放置到路径内部时，图标会变成 ⨁ 图标，此时单击鼠标录入文字即可得到特殊形状的段落，如图 8-38 所示。

由于路径有易于编辑的特性，我们利用直接选择工具 ▶ 和转换点工具 ⌐ 对小鱼路径进行编辑，并适当删除一些锚点，最终得到蘑菇形状的路径，我们发现段落会随路径一起更改，如图 8-39 所示。

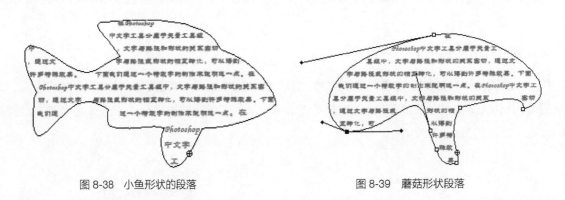

图 8-38　小鱼形状的段落　　　　图 8-39　蘑菇形状段落

8.6　路径与形状的综合实例

8.6.1　制作太阳花

本小节使用形状工具和路径工具结合制作太阳花标志图案，如图 8-40 所示。

（1）新建 Photoshop 文档，大小为"400 像素 × 400 像素"，通过"视图 \ 标尺"显示标尺，然后从上方和左侧标尺上分别拖出两条辅助线定位中心点。

（2）将前景色设置为 #3f63cb，选择钢笔工具，然后在属性栏选择形状图层按钮 ，在文件左上角区域绘制形状如图 8-4l（a）所示。

（3）选中椭圆工具按钮，属性栏中取消形状图层按钮 的选择，选中绘制路径按钮 ，路径的运算方式选择添加到路径项加 ，然后在图 8-4l（a）中添加椭圆路径，然后选择矩形工具，用同样方法添加矩形路径，并适当变形得到图 8-4l（b）所示效果。

图 8-40　绘制效果

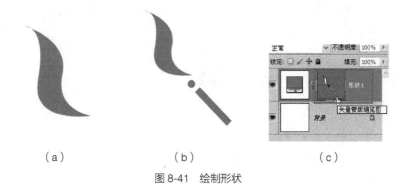

| （a） | （b） | （c） |

图 8-41　绘制形状

（4）选中形状 1 的矢量蒙版，如图 8-4l（c）所示。然后按下 Ctrl+T 组合键，将变换定界框的中心点移动到辅助线交叉点上，然后在自由变换的属性栏设置变换角度为 20 度。执行一次变换并确认。

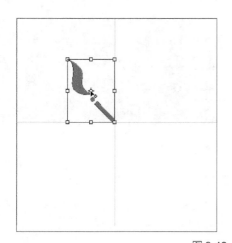
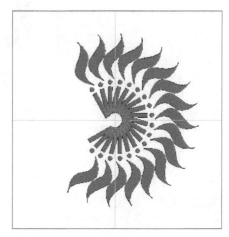

图 8-42　旋转变换

（5）不断按下组合键 Ctrl+Shift+Alt+T，即可复制并旋转形状，待旋转一周后不再按下快捷键。效果如图 8-42 所示。

（6）在形状中心绘制圆形形状，得到最终效果如图 8-40 所示，太阳花标志图案绘制完成。

8.6.2 制作邮票

本小节使用路径和文字工具制作邮票效果。

图 8-43 素材原图

图 8-44 邮票效果

（1）打开素材中"第 8 章 \ 图 8-43.jpg"，选择菜单"图像 \ 画布大小"命令，在弹出的对话框中做如图 8-45 所示设置，实现对图像边缘的扩展。

图 8-45 扩展图像边缘

（2）按下 Ctrl+J 组合键复制当前层，得到"图层 1"，然后将"背景"层填充为黑色。

（3）切换当前层至"图层 1"，然后按下 Ctrl+A 组合键选择整幅图像，然后单击路径面板底部的从选区生成工作路径按钮，从而得到一个与图像大小一致的矩形路径。

（4）选择橡皮擦工具，通过菜单"窗口 \ 画笔"命令打开画笔面板，设置画笔直径为 9 像素，硬度 100%，间距为 180%，其他设置参考图 8-46。

（5）选中路径面板中的工作路径，然后单击该面板底部的画笔描边路径按钮，实现对"图层 1"的图像边缘进行擦除，以得到邮票的效果，描边后删除工作路径。然后使用文字工具 **T** 在邮票票面上敲入邮票信息，并将文字层与"图层 1"合并，如图 8-47 所示。

（6）然后按下 Ctrl+T 组合键对"图层 1"进行变换，使邮票适当缩小。将背景层填充成白色，并对"图层 1"添加投影样式，可以得到如图 8-48 所示效果。至此邮票就绘制结束了。

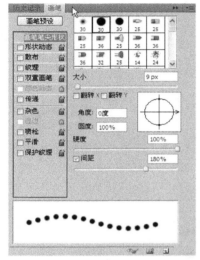

图 8-46　画笔面板设置

图 8-47　邮票初始效果

（7）绘制邮戳。隐藏"图层 1"，新建"图层 2"，前景色设置为黑色。选择椭圆工具，属性栏选择绘制路径按钮，按住 Shift 键绘制一个圆形路径，然后在工具箱选择画笔工具，设置直径为 4 像素，硬度 100%，并将"画笔"面板中各特殊效果复选框取消选择。然后单击路径面板底部的画笔描边路径按钮，得到邮戳的外边缘。

（8）按下 Ctrl+T 组合键对圆形路径进行缩放，缩放同时按下 Shift+Alt 辅助键，实现路径中心不变且比例不变地缩小。选择文字工具 **T** 沿路径敲入"中国邮政""泉州"字样，并敲入日期。

（9）将创建邮戳的图层合并，得到如图 8-49 所示效果。显示"图层 1"，将邮戳移动至适当位置，按下 Ctrl+T 组合键变换到适当大小。并将超出邮票范围的部分删除，即可得到邮票的最终效果，如图 8-44 所示。

图 8-48　加样式后的邮票效果

图 8-49　邮戳效果

课后习题

1. 使用钢笔工具绘制如图 8-50 所示标志。

提示：使用钢笔工具，属性栏选择形状图层 □，按如图 8-51 所示步骤绘制，过程中需添加辅助线并注意路径的运算方式切换。

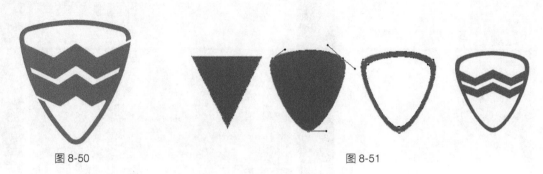

图 8-50   图 8-51

2. 利用钢笔工具绘制心形路径，并适当填充颜色，效果如图 8-52 所示。

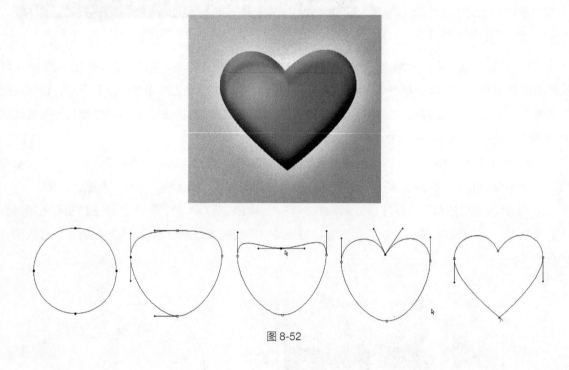

图 8-52

第 9 章 动作与动画

动作功能类似于 Word 里面的宏功能，是命令的集合，利用动作可以方便地将用户执行过的操作及应用过的命令记录下来。当需要再次执行同样的或类似的操作或命令时，只需要应用所录制的动作就可以了，在频繁的工作中应用动作能够大大提高设计者的工作效率。

动画是在一段时间内显示一系列图像或帧，当每一帧较前一帧都有轻微的变化时，连续、快速地显示这些帧就会产生运动或其他变化的视频效果。

9.1 动作面板

9.1.1 认识动作面板

使用动作之前首先要了解一下动作面板，使用动作面板可以记录、播放、编辑和删除等操作，此外还可以存储、载入和替换动作文件。执行"窗口\动作"命令或使用快捷键 Alt+F9，打开动作面板（见图 9-1）。

停止播放/记录按钮 ■：单击该按钮，可以停止播放或者记录操作。

开始记录按钮 ●：用于创建一个新的动作。处于记录状态时，该按钮呈现红色。

播放选定的动作按钮 ▶：选择一个动作后，单击该按钮可播放选定的动作。

创建新组按钮 ▢：可创建一个新的动作组，并保存新建的动作。

创建新动作按钮 ▣：单击该按钮，可创建新的动作。

删除按钮 🗑：选择动作动作或记录命令后，单击该按钮，即可将其删除。

图 9-1 "动作"面板

9.1.2 播放预设动作

在 Photoshop 的"动作"面板中有一组默认的动作预设，用户可以通过执行预设动作快速地制作出一些图像效果。

【例 9-1】 使用四分颜色动作制作图像特效。

（1）执行"文件\打开"命令，打开素材图像，如图 9-2 所示。

（2）执行"窗口\动作"命令，打开"动作"面板，在动作面板中单击"四分颜色"动作，将其选中，如图 9-3 所示。

图 9-2　打开素材

图 9-3　"动作"面板

（3）单击"播放选中的动作"按钮，执行效果如图 9-4 所示。

图 9-4　最终效果

9.2　录制动作

（1）单击"动作"面板中的"创建新动作"按钮，或单击"动作"面板右上方的三角按钮，在弹出的菜单中选择"新动作"选项，将弹出如图 9-5 所示的"新动作"对话框。

名称：在此文本框中输入"新动作"的名称。

组：在此下拉菜单中选择"新动作"所需要放置到组的名称。

功能键：在此下拉菜单中选择一个功能键，从而实现按快捷键即可应用动作的功能。

颜色：在此下拉菜单中选择一种颜色作为在"动作"面板按钮显示模式下新动作的颜色。

图9-5　新动作对话框

（2）设置完成"新动作"对话框中的参数后，单击"记录"按钮，此时"开始记录"按钮自动被激活显示为红色，表示进入动作的录制阶段。

（3）选择需要录制在当前动作中的若干命令，如果这些命令中含有参数，则需要按情况设置参数。

（4）执行所有需要的操作后，单击"停止记录"按钮。此时，"动作"面板中将显示录制的新动作。

提示：动作中无法记录使用画笔、铅笔、加深以及减淡等绘图与修饰工具所进行的操作。

【例9-2】　使用录制动作制作灌篮效果。

（1）新建一个图像文件，设置如图9-6所示，并用白到黄的渐变色填充背景层。

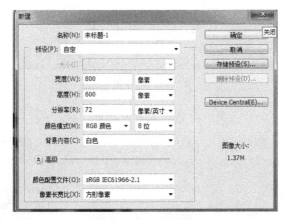

图9-6　新建文件对话框

（2）打开素材文件，将篮筐选取，放到新建的文件中的适当位置，如图9-7所示。

（3）将素材中的人物选取，同样放到新建文件中的适当位置，如图9-8所示。

图9-7　放入篮筐

图9-8　放入人物

（4）在动作面板中新建一个组，取名为"灌篮"，如图 9-9 所示。

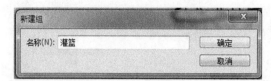

图 9-9　新建动作组

（5）新建一个动作，取名为"灌篮"，放在刚建立的灌篮组中，现在已经进入到灌篮动作的录制状态，如图 9-10 所示。

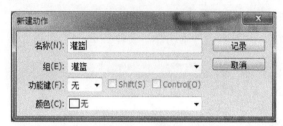

图 9-10　新建动作

（6）按 Ctrl+J 组合键，复制图层，然后向右、上移动。移动到适当位置后，停止录制，如图 9-11 所示。

（7）接下来就执行刚刚录制的动作，得到效果如图 9-12 所示。

（8）最后修改每个人物图层的不透明度，最终效果如图 9-13 所示。

图 9-11　录制动作

图 9-12　执行动作

图 9-13　最终效果

9.3 批处理

"批处理"命令是指将指定的动作应用于所选的目标文件,从而实现图像处理的自动化。执行"文件\自动\批处理"命令,弹出"批处理"对话框,如图 9-14 所示,下面将介绍各项的功能。

图 9-14 批处理对话框

播放:用来设置播放的组和动作组。

源:用来选取要处理的文件。在该选项下拉列表中可以选择进行批处理的文件来源,分别是"文件夹"、"导入"、"打开文件"、Bridge。

目标:用来指定文件要存储的位置。

文件名:将"目标"选项设置为"文件夹"后,可以在该选项组的 6 个选项中设置文件名各部分的顺序和格式。

【例 9-3】 使用批处理命令处理多幅图片。

(1)先将要进行批处理的图片放到一个源文件夹内,执行"窗口\动作"命令,打开动作面板,在该面板菜单中载入"图像效果"动作组,如图 9-15 所示。

(2)执行"文件\自动\批处理"命令,弹出"批处理"对话框,设置好执行的动作、源文件夹和目标文件夹,如图 9-16 所示。

图 9-15 载入图像效果动作组

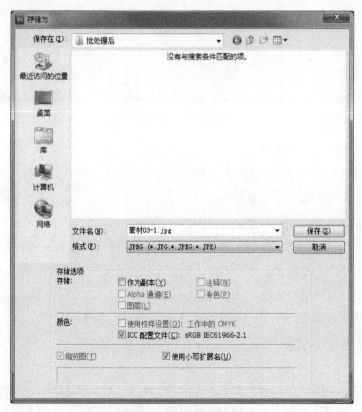

播放

组(T)：图像效果

动作：棕褐色调（图层）

源(O)：文件夹

选择(C)...　C:\Users\Administrator\Desktop\PS教材\素材\第9章\批处理\

☐ 覆盖动作中的"打开"命令(R)

☐ 包含所有子文件夹(I)

☐ 禁止显示文件打开选项对话框(F)

☐ 禁止颜色配置文件警告(P)

目标(D)：文件夹

选择(H)...　C:\Users\Administrator\Desktop\PS教材\素材\第9章\批处理后\

☐ 覆盖动作中的"存储为"命令(V)

文件命名

示例：我的文档.gif

文档名称　▼　+　扩展名（小写）

图 9-16　批处理设置

（3）在批处理对话框中单击确定按钮后，Photoshop 开始执行批处理，但是每张图片的保存需要我们去处理，保存如图 9-17 所示。

图 9-17　保存文件对话框

（4）批处理前和批处理后的效果如图 9-18 所示。

（a）批处理前

（b）批处理后

图 9-18 批处理前后对比

9.4 动画

在 Photoshop 中制作动画时，主要是通过"动画（时间轴）"面板和"动画（帧）"面板制作动画效果的，本节我们介绍使用"动画（帧）"面板制作动画。

执行"窗口＼动画"命令，打开"动画面板"，如果为"动画（帧）"面板，则如图 9-19 所示。如果为"动画（时间轴）"面板，可以单击右下角 █████ "转换为帧动画"按钮，切换到"动画（帧）"面板。

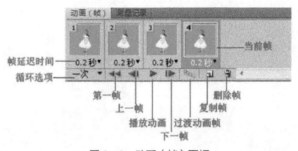

图 9-19 动画（帧）面板

"动画（帧）"面板会显示动画中每个帧的缩略图，使用面板底部的工具可以浏览各个帧，设置循环选项，添加帧，删除帧以及播放动画。

Photoshop CS5 应用教程

帧延迟时间：设置帧在回放过程中的持续时间。

循环选项：设置动画在保存为 GIF 文件时的播放次数。

第一帧：切换第一帧为当前帧。

上一帧：切换前一帧为当前帧。

播放动画：可以在窗口中播放动画，再次单击则停止播放。

下一帧：切换当前帧为下一帧。

过渡动画帧：在两帧之间创建过渡动画，单击该按钮，弹出"过渡"对话框，如图 9-20 所示。

复制帧：单击该按钮，可以添加帧。

删除帧：单击该按钮，可以删除所选择的帧。

【例 9-4】　使用动画面板制作翅膀挥舞的动画。

（1）打开素材"女孩 .psd"，如图 9-21 所示，执行"窗口\动画"命令，打开动画（帧）面板。

图 9-20　过渡对话框　　　　　　　　　　图 9-21　打开素材

（2）打开翅膀素材图片，将翅膀选出，放到"女孩 .psd"中，调整图层顺序和翅膀大小，如图 9-22 所示。

（3）复制翅膀图层，水平翻转，得到右边的翅膀，如图 9-23 所示。

图 9-22　加左边翅膀　　　　　　　　　　图 9-23　复制图层得到右边翅膀

（4）将两个翅膀层复制，然后调整翅膀的形状。分别得到如图 9-24 所示的形状。

图 9-24　变形得到不同形态的翅膀

（5）在动画面板中的第一帧，通过控制图层的显示和隐藏，效果如图 9-25 所示。

图 9-25　第一帧动画

（6）在时间轴上增加关键帧，第二、三、四帧效果如图 9-26 所示。

图 9-26　第二、三、四帧的效果

图 9-26　第二、三、四帧的效果（续）

（7）设置动画的"帧延迟时间"为 0.2 秒，"循环选项"为永远，如图 9-27 所示。此时可以播放动画，预览效果。

（8）执行"文件\存储为 Web 和设备所用格式"命令，将文件保存为 GIF 格式。

图 9-27　设置动画参数

课后习题

1. 建立一个文件夹，放入一些图片，尝试使用批处理命令处理这些图片。
2. 使用 Photoshop 制作笑脸的表情动画，动画的四帧如图 9-28 所示。

图 9-28　笑脸表情